U0256864

安徽省文化强省建设专项资金项目
安徽省『十二五』重点出版物出版规划项目

漫画版中国传统社会生活

庄华峰　主编

居住习俗

美家的艺韵

秦　枫　编著

中国科学技术大学出版社

内容简介

居所是人类社会生活中必不可少的重要空间，也是人类改善环境、获取安全条件的必然结果。长期以来，我国各族人民在生产和生活实践中，有效利用自然条件，按照不同的民族传统和生活方式，彼此交融，创造出无数风貌各异、经济适用的居住建筑，充分展现了我国劳动人民的智慧和才能。

本书介绍了中国不同朝代居所的时代特点和艺术韵味。从穴居、巢居的安身之所，到响彻世界的皇城宫殿；从雪域高原的碉楼，到渤海之滨的海草屋；从黄土高原的窑洞，到遍布西南的吊脚楼；从陕西、山西的庭院深深，到江南水乡的流水人家……这里以史为脉，以民间居住艺术为精髓，来领略华夏五千年的栖息文化，感受中国人的生存智慧，体味“家”的和合之美。

图书在版编目(CIP)数据

居住习俗：美家的艺韵/秦枫编著.—合肥：中国科学技术大学出版社，2020.5(2021.7重印)
(漫画版中国传统社会生活/庄华峰主编)
安徽省文化强省建设专项资金项目
安徽省“十二五”重点出版物出版规划项目
ISBN 978-7-312-04372-7

Ⅰ.居… Ⅱ.秦… Ⅲ.住宅—建筑艺术—中国—通俗读物 Ⅳ.TU241-49

中国版本图书馆CIP数据核字(2018)第055590号

出版 中国科学技术大学出版社
安徽省合肥市金寨路96号，230026
http://press.ustc.edu.cn
https://zgkxjsdxcbs.tmall.com
印刷 合肥市宏基印刷有限公司
发行 中国科学技术大学出版社
经销 全国新华书店
开本 880 mm × 1230 mm 1/32
印张 8
字数 180千
版次 2020年5月第1版
印次 2021年7月第4次印刷
定价 40.00元

总序

中国是世界文明古国之一，在漫长的历史岁月中，她曾经创造出举世闻名的政治、经济、文化、科技文明成果。这些物质文明与精神文明的优秀成果，既是中国古代各族人民在长期生产活动实践和社会生活活动中所形成的诸多智慧创造与技术应用的结晶；同时，这些成果的推广与普及，又作用于人们的日常生产与生活，使之更加丰富多彩，更具科技、文化、艺术的魅力。

中国古代社会生活，不仅内容宏富，绚丽多姿，而且源远流长，传承有序。作为一门学科，中国社会生活史是以中国历史流程中带有宽泛内约意义的社会生活运作事象作为研究内容的，它是历史学的一个重要分支，有助于人们更全面、更形象地认识历史原貌。关于生活史在历史学中的地位，英国著名历史学家哈罗德·铂金曾如是说："灰姑娘变成了一位公主，即使政治史和经济史不允许她取得独立地位，她也算得上是历史研究中的皇后。"（蔡少卿《再现过去：社会史的理论视野》）

然而这位"皇后"在中国却历尽坎坷，步履维艰。她或为其他学科的绿荫所遮盖，或为时代风暴扬起的尘沙所掩蔽，使得中国社会生活史没有坚实的理论基础，也没有必要的历史资料，对其的整体性研究尤其薄弱，甚至今日提到"生活史"这个词，许多人仍不乏茫然之感。

社会生活史作为历史学的一个分支在中国兴起,虽只是20世纪20年代以来的事,但其萌芽却可追溯至古代。中国古代史学家治史,都十分注意搜集、整理有关社会生活方面的史料。如孔子辑集的《诗经》,采诗以观民风,凡邑聚分布迁移、氏族家族组织、衣食住行、劳动场景、男女恋情婚媾、风尚礼俗等,均有披露。《十三经》中的《礼记》《仪礼》,对古代社会的宗法制、庙制、丧葬制、婚媾、人际交往、穿着时尚、生儿育女、敬老养老、起居仪节等社会生活资料,做了繁缛纳范,可谓是一本贵族立身处世的生活手册。司马迁在《史记·货殖列传》中描述了全国20多个地区的风土人情:临淄地区,"其俗宽缓阔达,而足智。好议论,地重,难动摇,怯于众斗,勇于持刺,故多劫人者";长安地区,"四方辐辏并至而会,地小人众,故其民益玩巧而事末也"。他并非仅仅罗列现象,还力图作出自认为言之成理的说明。如他在解释代北民情为何"慓悍"时说,这里"迫近北夷,师旅亟往,中国委输时有奇羡。其民羯羠不均"。而齐地人民"地重,难动摇"的原因在于这里的自然环境和生产状况是"宜桑麻"耕种。这些出自古人有意无意拾掇下的社会生活史素材,对揭示丰富多彩的历史演进中的外在表象和内在规律,无疑具有积极意义,将其视作有关社会生活研究的有机部分,似也未尝不可。

社会生活史作为一门学科,则是伴随着20世纪初社会学的兴起而出现于西方的。开风气之先的是法国的"年鉴学派"。他们主张从人们的日常生活出发,追踪一个社会物质文明的发展过程,进而分析社会的经济生活和结构以及全部社会的精神状态。"年鉴学派"的代表人物雅克·勒维尔在《法国史》一书中指出:重要的社会制度的演变、改革以及革命等历史内容虽然重要，但是，“法国历史从此以后也是耕地形式和家庭结构的历史，食品的历史，梦想和爱情方式的历史”。史学家布罗代尔在其《15至18世纪的物质文明、经济和资本主义》一书中，将第一卷命名为“日常生活的结构”，叙述了15至18世纪世界人口的分布和生长规律，各地居民的日常起居、食品结构以及服饰、技术的发展和货币状况，表明他对社会生活是高度关注的。而历史学家米什列在《法兰西史》一书的序言中则直接对以往历史学的缺陷进行了抨击：第一，在物质方面，它只看到人的出身和地位，看不到地理、气候、食物等因素对人的影响；第二，在精神方面，它只谈君主和政治行为，而忽视了观念、习俗以及民族灵魂的内在作用。“年鉴学派”主张把新的观念和方法引入历史研究领域，其理论不仅震撼了法国史学界，而且深刻影响了整个现代西方史学的发展。

在20世纪初“西学东渐”的大潮中，社会生活史研究与方法也被介绍到中国，并迅速蔚成风气，首先呼吁重视社会生活史研究的是梁启超。他在《中国史叙论》中激烈地抨击旧史“不过记述一二有权力者兴亡隆替之事，虽名为史，实不过是帝王家谱”，指出：“匹夫匹妇”的“日用饮食之活动”，对“一社会、一时代之共同心理、共同习惯”的形成，极具重要意义。为此，他在拟订中国史提纲时，专门列入了“衣食住等状况”“货币使用、所有权之保护、救济政策之实施”以及“人口增殖迁转之状况”（梁启超《饮冰室合集·文集》）等社会生活内容，从而开启了中国社会生活史研究的新局面。

在20世纪二三十年代，我国史学界的诸多研究者都涉足了中国社会生活史研究领域，分别从社会学、民族学、民俗学、历史学、文化学的角度，对古代社会各阶层人们的物质、精神、

民俗、生产、科技、风尚生活的状况进行探究，并取得了丰硕的成果。但这一研究的真正全面展开，却是20世纪80年代以来的事情。在此时期，社会生活史研究这位“皇后”在经历了时代的风风雨雨之后，终于走出“冷宫”，重见天日，成为史苑里的一株奇葩，成为近年来中国史学研究繁荣的显著标志。社会生活史研究的复兴，反映了史学思想的巨大变革：一方面，它体现了人的价值日益受到了重视，把“自上而下”看历史变为“自下而上”看历史，这是一种全新的历史观。另一方面，它表明人类文化，不仅是思想的精彩绝伦和文物制度的美好绝妙，而且深深地植根于社会生活之中。如果没有社会生活这片“沃土”的浸润，人类文化将失去生命力。

尽管近年来中国社会生活史的研究取得了长足的发展，但与政治史、制度史、经济史等研究领域相比，其研究还是相对薄弱的。个中原因可能是多方面的，但与人们的治史理念不无关系。

我们一直认为，史学研究应当坚持“三个面向”，即面向大众、面向生活、面向社会。“面向大众”就是“眼睛向下看”，去关注社会下层的人与事；“面向生活”就是走近社会大众的生活状态，包括生活习惯、社会心理、风俗民情、经济生活等等；“面向社会”则是强调治史者要有现实关怀，史学研究要为经济社会发展提供智力支持。而近年来我总感到，当下的史学研究有时有点像得了“自闭症”，常常孤芳自赏，将自己封闭在学术的象牙塔里，抱着“精英阶层”的傲慢，进行着所谓“纯学理性”探究，责难非专业人士对知识的缺失。在这里，我并非否定进行学术性探究的必要性，毕竟探求历史的本真是史学研究的第一要务，而且探求历史的真相，就如同计算圆周率，永无穷期。但是,如果我们的史学研究不能够启迪当世、昭示未来,不能够通过对历史的讲述去构建一种对国家的认同,史学作品不能够成为启迪读者的向导,相反却自顾自地远离公众领域,远离社会大众,使历史成为纯粹精英的历史,成为干瘪的没血没肉的历史,成为冷冰冰的没有温情的历史,自然也就成了人们不愿接近的历史,这样的学术研究还会有生机吗?因此,我觉得我们的史学研究要转向(当然这方面已有许多学者做得很好了),治史者要有人文情怀,要着力打捞下层的历史,多写一些雅俗共赏、有亲和力的著作。总之一句话,我们的史学研究要"接地气",这样,我们的研究工作才有意义。

2017年1月,中共中央办公厅、国务院办公厅印发的《关于实施中华优秀传统文化传承发展工程的意见》指出:"文化是民族的血脉,是人民的精神家园。文化自信是更基本、更深层、更持久的力量。"中华民族优秀传统文化中独特的理念、智慧、气度、神韵,增添了中国人民和中华民族内心深处的自信和自豪。那么,我们坚持"文化自信"的底气在哪里?我想,博大精深的优秀传统文化以及在其基础上的继承和发展,夯实了我们进行文化建设的根基,奠定了我们文化自信的强大底气。正是基于这样的思考,我们编写了"漫画版中国传统社会生活"丛书。

我们编写这套丛书,就是想重拾远逝的文化记忆,呼唤人们对传统社会生活的关注。丛书内容分别涉及饮食、服饰、居住、节庆、礼俗、娱乐等方面。这些生活事象,看似细碎、平凡,却蕴含着丰富的文化和智慧,而且通过世代相传,已渗透到中国人的意识深处。

这是一套雅俗共赏的读物。作者在尊重历史事实,保证

科学性、学术性的前提下,用准确简洁、引人入胜的文字并与漫画相结合的艺术手法,把色彩缤纷的社会生活花絮与历史长河中波涛起伏的洪流结合在一起描述,让广大读者通过生动活泼的形式,了解先民生活的方方面面,进而加深对中华民族和中国人的了解。这种了解,是我们创造未来的资源和力量,也是我们坚持文化自信的根基。

庄华峰

2019年10月12日

于江城怡墨斋

目录

总序 i

一 居住文化概述 001

居住文化特点 ……002

实用性与艺术性一致 / 002 审美性与情感性相融 / 003

伦理性与宗教性共生 / 005 区域性与差异性迥异 / 006

民居布局原则 ……007

顺其自然 / 007 疏密得当 / 008 虚实互衬 / 009

通隔互应 / 011 俯览聚远 / 011 差序格局 / 012

二 民居历史进程 015

远古初始 ……016

漫长进化 ……018

穴居 / 018 半穴居 / 020

地面建筑 / 021 干栏式建筑 / 022

三代文明 ……023

夏代 / 023 商代 / 024 周代 / 025

秦砖汉瓦 ……026

魏晋风采 ……031

隋唐盛景 ……032

严密的等级性 / 033　坊里制度 / 033
合院布局的变化 / 034　宅园 / 035

宋元新风 ……………………………………036

明清造极 ……………………………………039

中西合璧 ……………………………………042

三 民居主要类型 047

四合院式民居 ……………………………………048

四合院布局 / 048　四合院文化特性 / 050

干栏式民居 ……………………………………051

傣家竹楼 / 053　土家族吊脚楼 / 055　窑洞式民居 / 058

碉楼式民居 ……………………………………062

客家土楼 / 062　羌族碉楼 / 064

帐篷式民居 ……………………………………067

四 居住与环境 071

利用自然 ……………………………………072

因境而生、因境而设 / 074　因材致用、尽善尽美 / 077

开发自然 ……………………………………083

组团式村落 / 084　街巷式村落 / 088　条纹式村落 / 089
图案式村落 / 091　散点式村落 / 093

协调自然 ……………………………………094

景象万千、和而不同 / 095　因地制宜、因势利导 / 099
师法自然、共生共荣 / 104

五 居住与装饰 109

传统居住装饰的发展 ……………………………………110
传统居住装饰的特点 ……………………………………112
色彩 / 112　图案 / 113　材料 / 115
传统居住装饰构件的类型与功能 ………………………117
屋顶脊饰 / 117　瓦当悬鱼 / 119　墙体立面 / 120
梁柱斗拱 / 122　院门房门 / 123　辅首门环 / 125
窗牖窗格 / 127　匾额楹联 / 128　装饰画 / 130
家具 / 132
居住装饰的特性 …………………………………………133
等级性 / 133　地域性 / 134　统一性 / 136　民族性 / 138
民居装饰的特点 …………………………………………139
朴实淡雅 / 139　装饰华丽 / 140　丽而不俗 / 140

六 居住与风水 141

选址 ……………………………………………………144
地势 / 144　水势 / 146　生态环境 / 148　地质 / 149
外部环境 …………………………………………………151
布局 / 152　朝向 / 153　周边环境 / 155　形状 / 156
内部结构 …………………………………………………156
门窗 / 157　客厅 / 158　卧室 / 158　家居植物 / 159
装饰物件 / 160　整体格局 / 161

七 居住与礼俗 165

居住空间的布局 …………………………………………166

门 / 166　影壁 / 172　堂、室、房 / 174　厕所 / 176
厨房 / 178　围墙 / 181　天井 / 183

建房和乔迁礼俗 ……187

建房选址的礼俗 / 188　破土动工的礼俗 / 188
砌灶的礼俗 / 192　上梁的礼俗 / 194　搬家的礼俗 / 195

居住空间与节日礼俗 ……197

新年 / 197　寒食节 / 202　端午节 / 204

居住空间的陈设装饰与传统礼俗 ……206

居住空间的陈设 / 206　居住空间中的装饰 / 209

八 居住与陈设 213

床 ……214

榻 ……220

案 ……223

桌 ……227

几 ……232

屏风 ……235

参考文献 241

后记 243

居住文化概述

在广袤的中华大地上，不同的生态环境、生产生活方式和宗教信仰，造就了不同民族、不同地区的居住文化传统，并在各自的民居结构、民居形式和民居风格上显示出明显的空间文化差异。中国民居的建筑特色是享誉世界的，其所蕴含的文化特质也独树一帜。通过各式民居我们可以探知其中所蕴含的深厚的文化内涵。

居住文化特点

俗语有云:“一方水土养一方人。”各具特色的民俗与风格迥异的建筑形成了丰富多彩的居住文化。在不同文化的孕育下,不同地域的民居也透露出不同的民俗、文化与人的精神内涵。居住文化的不同主要体现在实用性与艺术性、审美性与情感性、伦理性与宗教性、区域性与差异性等方面。

实用性与艺术性一致

人们每天的生活都离不开衣食住行,中国人对居住一事尤其讲究。在现代社会,老百姓手里一有闲钱,总不忘改善居住条件,或扩大面积,或修葺一新。

《中国大百科全书》将民居定义为“宫殿、官署以外的居住建筑”。从历史上看,民居几乎从来都是作为和建筑相对的概念而存在的:建筑是伟大的、精致的、纪念性的、大师创作的,而民居则被排除在所谓的艺术之外,通常被定义为本土的、自发的、由本地居民参与的、适应自然环境和基本功能的营造。与形形色色高大的、个性十足的建筑相比,民居似乎很渺小。然而,它却是最实实在在的、最贴近生活的。

透过民居我们不仅可以看到美,更可以看到智慧。民居既是一种实用的文化产物,同时又是一种艺术的文化产物,或者说是带有一定审美旨趣的文化产物。即使很简陋的民居也是如此，跟它的实用性一起存在，在我们的感觉上多少要产生一些审美作用。在它的形体的构成、材料的选择、色彩的搭配以及装饰的运用等方面，制作者都会自觉或不自觉地遵循一定的美学法则来设计、安排。出于实用的目的，民居大多因地制宜，都是利用当地出产的材料，用最经济的方法，密切结合气候、环境、地形等自然因素建造。

审美性与情感性相融

“宅，以形势为身体，以泉水为血脉，以土地为皮肉，以草木为毛发，以舍屋为衣服，以门户为冠带。若是如斯，是事俨雅，乃为上吉。”(《黄帝宅经》)这里古人把住宅人性化，说明住宅的格局搭配得当，对住宅与主人都是很重要的，同时也体现了自古以来居民对住宅文化的讲究。居民予家以情感，房子是他们情感的载体，那里有他们挥之不去的情感与记忆。正因民居寄托着特有的感情，无论走到哪里，那里的民居都会给人们留下不可磨灭的印象。

民居的格局、设置都打上了浓厚的伦理烙印，进而成为维系社会关系的纽带象征。以高为美，而且强调秩序、关系、中庸、和谐，所以后院屋顶不能超过前院，这大概就是一种人际秩序的规定和体现吧。北方民居的四合院结构以南为主，统领四周，错落有致，追求变化中的统一，同时又极重视环境的装饰，寻求与自然相通，融为一体。中间庭院的瓜棚豆架、花草竹石，把人的视觉引向自然的境界。大量的砖雕、石刻、门楼、花墙、牌匾等，造成了多重空间分割，使人感到迂回曲折，

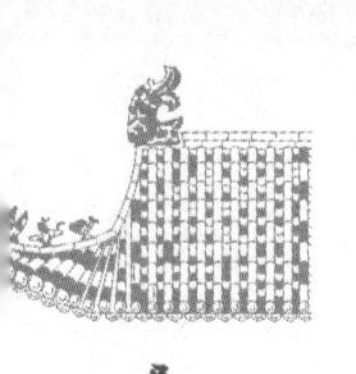

柳暗花明。彩绘斗拱、画廊、石刻门鼓、镇宅石狮、瓦脊装饰等都给人强烈的审美感受。就其非居住属性而言,实用的意义大大减少了,近乎观赏性的审美意义则大大增加了。从根本上讲,内外环境的雕镂、彩绘装饰是一种深层的文化心理的反映。它本身也作为一种媒介和载体,凝聚着深刻的精神与理念的文化内涵,通过文饰与建筑构件的装饰图文表现出来,展示了民居的人文精神。

北京四合院

以功利实用为前提的民居建筑艺术展示给我们的不仅仅是建筑学上的属性、功能,更重要的是,它蕴含着中国文化的禀性、气质、风格、人文心理、审美理想,这一切为民居观念乃至民居文化的建构提供了“形而上”的精神内涵。换言之,民居观念也正是以其外在形式的朴质与内容的华美而凝聚着中华文化的传统。

伦理性与宗教性共生

中国文化是典型的伦理文化，这在居住文化中具有鲜明的体现。四合院作为中国传统家居的典型代表，结构上除体现了它的有用和美观性质外，还体现了一种伦理性质。就汉族来说，一家民居在名称上有正房、有偏房，谁住正房、谁住偏房，都有一定的讲究，有的还有一定的禁忌。如女儿的闺房，不但外人，就是家人如兄弟等也不能随便进入。外来客人的接待和留住，也有特定的房室。这种居住上的安排，伦理色彩是相当浓厚的。同样，在少数民族中也有相似的情形。谁住正房、谁住偏房，谁住楼上、谁住楼下，各民族虽然不尽相同，但都按照自己民族的伦理逻辑安排，决不允许错乱。总之，人们可以从民居内部居住房室的安排，清楚地看到这些居民乃至这个民族的家庭伦理观念和准则。

传统民居在体现着审美、伦理的同时，也体现着民间宗教信仰。在过去汉族的建筑物中，不但供奉祖先牌位，还供奉其他神灵如灶神、财神，乃至天、地、君、亲、师的综合神位。这种被认为神灵所在的地方是神圣的，是不容许家人或外人亵渎的。南方很多少数民族，大都在主要房间设有“火塘”，它不仅是取暖、煮物的地方，会客和留客的房室，同时也是神灵所在的地方，严禁人们对它的触犯行为。此外，人们还在建筑装饰中体现一种与神同在的思想，最常见的就是在装饰画中加上代表佛教或道教的图案。

区域性与差异性迥异

区域性与差异性特征是中国居住民俗在地理位置上表现出来的最大特点。由于地理环境及文化传统的影响，南方民居造型美观，贴近大自然，一般分为自由式院落和天井院落。南方住宅院落一般较小，四周房屋连成一体，多使用穿斗式结构，房屋组合比较灵活。建筑多白墙青瓦，颜色淡雅，房屋山墙多，形似马头。南方水资源较为丰富，水从门前屋后流过，成为一种景致。有钱人家喜欢住房连着花园，这就是园林。南方式园林不需要很大的面积，却能营造出意境。北方民居给人的总体感觉是比较大气，一般是大院式的建筑，以西北窑洞和北京四合院为其代表。窑洞在黄土高坡的阳面，窑脸用砖头砌成拱形门洞，并做出花饰，用料简单，手法自然。窑洞上方还种一些植物用以保持水土。四合院是东南西北四面都

西北窑洞

有房子的一种民居，以北京四合院最具特色。北京的四合院院子比例大小适中，冬天太阳可以照进室内，正房冬暖夏凉，院子是户外活动的场所。

民居布局原则

传统民居建筑，在布局上遵循着诸多的原则，主要有以下几个方面。

顺其自然

郑板桥曾经这样描绘一个院落："十笏茅斋，一方天井，修竹数竿，石笋数尺，其地无多，其费亦无多也。"只需方寸之地，

郑板桥的小园

花费不多,就可以建这样一个小园。旧时,这种小园在江浙一带十分普遍。小园把自然景物带入民居:“风中雨中有声,日中月中有影。诗中酒中有情,闲中闷中有伴”(郑燮《题画竹石》)。园林使宅主人的心境可敛可放,既可栏前细数游鱼,又可亭中待月迎风;既能欣赏到轩外花影移墙,又能享受堂后峰峦当窗。正如古人云:“常依曲栏贪看水,不安四壁怕遮山。”

江浙民居

疏密得当

民居的美表现在许多方面,其中主要的一点是民居注重构成形式上的疏密关系。中国民居白墙黑瓦,色彩单纯,都是大面积的实墙，除了大门以外，很少开窗子，因而显得简洁、寂静。白色的墙壁与密密匝匝的房顶所构成的大疏大密，形成“密处不能通风，疏处可以跑马”的强烈对比，气韵生动。中国传统民居的白墙，从建筑的整个意境上来看并不是真空，而是像中国画的留白一样，是宇宙灵气之往来、韵致之流动。

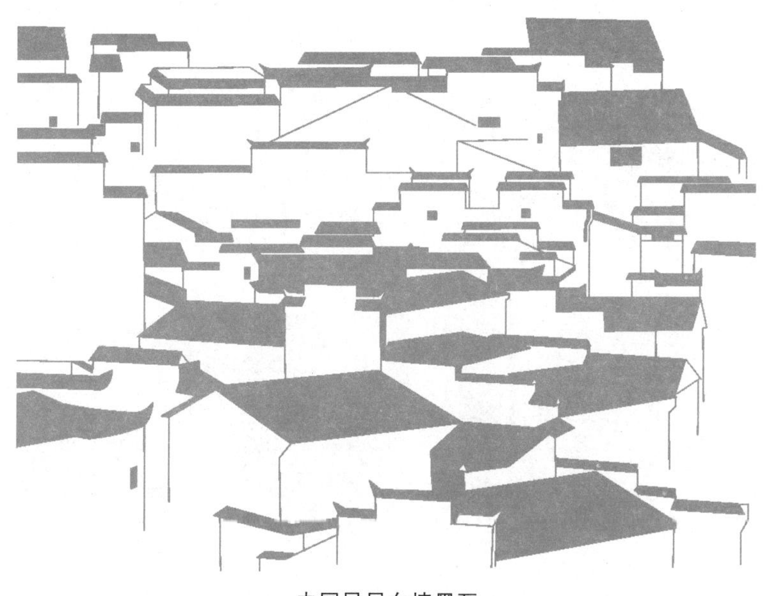

中国民居白墙黑瓦

虚实互衬

除了疏密关系的对比之外，构成民居意蕴的另外一个重要方面是虚实互衬。虚实互衬主要体现在外实内虚方面。所

谓的外实，是指民居外部大面积的实墙（没有窗户的墙）；内虚，是指民居院内宽敞的厅堂、回廊。这种内外虚实的强烈对比在各地民居中都可以看到。譬如西北地区的许多民居形式都为“外不见木，内不见土”，也就是从民居的外部看，院墙是黄土夯造的，平的房顶是墁土的，出了大门之外，几乎看不到

民居外实墙

木头，全都是土，较为坚固。外部的实墙，除了有防风沙、防盗匪等实际功能之外，还有一个蕴藏其中的精神意义：保持宅内虚空静谧的空间意蕴。从建筑的空间分析，民居庭院内部以灰色空间为主。所谓的灰色空间是指介于开敞的庭院（白色空间）和封闭的室内（黑色空间）之间的廊下空间，灰色空间联系了白色空间和黑色空间，显得空灵。中国人最根本的宇宙

观是《易经》上所说的“一阴一阳之谓道”，民居的空间就是以一阴一阳、一虚一实构成的。

通隔互应

有隔有通，不仅可依靠竹帘形成，依赖门窗也可形成。隔扇窗门的空格也是很好的取景框，把室外的景色分隔成许多个美丽的画面。大多数民居的室内外空间，彼此渗透，相互沟通。“隔”是民居空间设计中常用的手法。“隔”使客体物象与主体观者之间产生了不可逾越的空间距离，不黏不滞，客体物象得以孤立绝缘，自成境界。以建筑的栏杆、空花和窗户为景框，黑夜笼罩下的灯火街市、明月下的幽淡小景，都因距离、间隔而让人产生美妙的感受。宋人陈简斋的《海棠诗》云：“隔帘花叶有辉光。”竹帘在室内和室外之间产生了一种“隔”，这种间隔造成的等距和线条感，增强了珠帘外面鲜花的辉光闪烁，更加突显出花叶的华美。

俯览聚远

中国传统民居的最佳观赏角度是俯视。从高处望去，民居的房顶鳞次栉比，与白色的墙壁虚实相生，这的确是最能激发人们美感的观赏角度。古代文人每逢登高，看到下面的村庄、城镇、农舍、别墅，往往赋诗作对，吟咏一番。苏东坡就说过：“赖有高楼能聚远，一时收拾与闲人。”杜甫也说过“层台俯风渚”“四顾俯层巅”“缘江路熟俯青郊”“傲睨俯峭壁”等语。

“俯”,在中国画的构图上不但可以联系上下远近,而且有笼罩一切的气度。中国传统民居的特点是建筑普遍低矮,而建筑的平面尺度相对较大,屋顶是民居造型中最大的一个面,而且民居屋顶的材料与格调相当统一。当一批住宅以聚落的方式组合在一起时,就会产生震撼人心的力量。而欣赏这种大面积的屋顶组合,首先需登高。

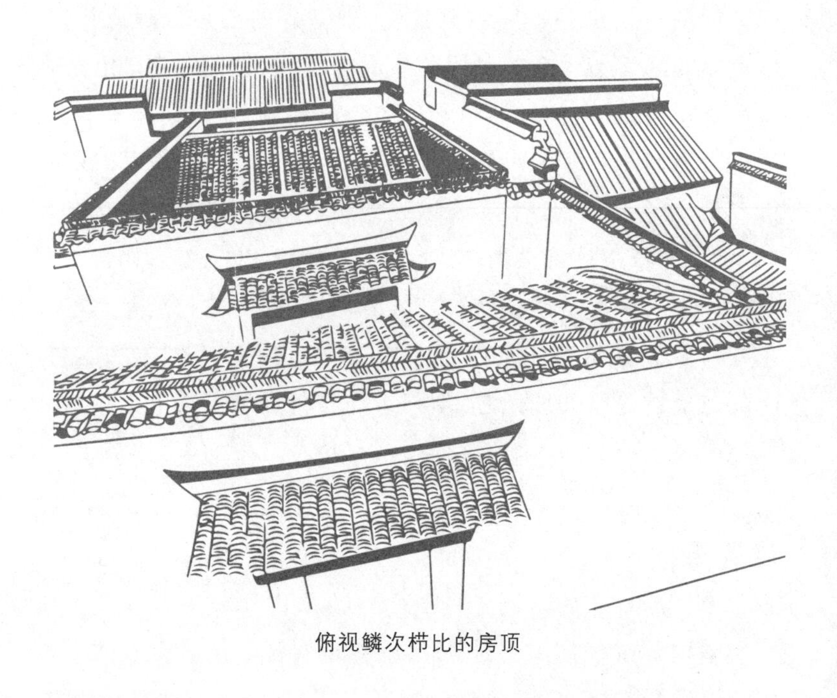

俯视鳞次栉比的房顶

差序格局

中国民居所创造的一种整体意境,是由诸多要素共同构成的。中国民居不靠单体的造型变化多样取胜，而是突出群体空间序列的丰富感。空间序列的起伏变化是中国民居艺术的精髓之一。民居建筑群的格局由小至大，再由大至小地变化，也就是先出现倒座房（与正房相对，坐南朝北的房子）等次要建筑，然后是这家的核心空间——主厅堂，之后的建筑规模又逐渐变小，直到后厅为止，这样便能产生一种序列之美。这犹如一首曼妙的乐章，从民居入口到主厅堂，一路产生

八字照壁

趣味的渐强音，序列通过高潮，渐至尾声，布置得紧凑而有意境。从激动的高潮，过渡到令人愉快的舒缓，逐渐形成一段平稳的渐弱音。民居中成功的序列设计，其精髓就在于给我们

一种“悬念”，使我们不能一览无遗，而着力去想象下一个单元的形象。同时，它又为后来所能看见的形象预留适当的伏笔。譬如在大门口，有的有八字照壁，大门两侧也装饰得十分华美，这样就可以阻止主要轴线的发展，使人们的注意力不断地放在左右两侧，并将民居的意境抒发得更为深远。

二　民居历史进程

人类的生存离不开衣、食、住、行，其中民居是人类文明发展的一种人文景观。人类从穴居到建造各种舒适、美观的建筑，展示出人类进步的速度与深度。民居在经历无数的变革与洗礼后，实现了从满足个体居住到精神升华的体验。从文化地理学的意义上来看，它是人类的聪明才智不断与自然界相生相应的结果。民居不仅与自然环境、生活方式相辅相成，有明显的地域性、民族性，而且随着时间的推移、生活方式的进步和改善，彰显出时代特色，并在不断演进中发展。

远古初始

我国最早的远古人类的"家"大约可追溯到几十万年前。当时人类为了自身安全和繁衍生息,或在树上以草木构建巢穴,防虫兽之袭,或寻找洞穴栖息藏身,避风霜雨雪之害,从而出现了最早的居住形式——穴居或巢居。

在穴居方面,考古工作者在北京周口店龙骨山发现了"北京人"居住的洞穴,展现了远古人类以天然洞穴为住居的生活画面。"北京人"的家位于北京龙骨山的北坡半山腰,是天然的石灰岩溶洞,规模相当可观,东西长140米,东部宽约40米,西端宽仅2.5米。"北京人"到此后,赶走猛兽,成为洞穴主人。在洞穴的堆积物中,有"北京人"作为劳动工具使用的石器和骨器、用火的遗迹,甚至有他们自己的骸骨和食用食物后遗弃的各种兽骨。《易经·系辞》曰:"上古穴居而野处,后世圣人易之以宫室。上栋下字,以待风雨,盖取诸大壮。"

古人类学家对于"北京人"的生活情景做出了这样的描绘:清晨,赤身裸体的"北京人"从洞里走出来,围绕在洞外的火堆旁,一起商量一天的活动。年纪大的人留在洞中,照看小孩和制作石器等工具,同时还要看管火种。外出的人们,有的到河滩上甄选用以制作石器的卵石,有的用石器制作狩猎用的工具,有的在附近的草原上手举木棒围猎,有的妇女和儿童采摘野果,挖掘植物的块茎。太阳落山后,外出的人们带着一天的劳动果实回到住所，并且共同分享猎获成果。夜深时，大家走进洞里，挑选一块离火堆不远的地方，铺些干草睡下，迎接新的一天。除了“北京人”，“山顶洞人”也以洞穴为住所，这种天然洞穴，在全国各地已发现五十多处，它们的共同点在于，这些洞穴被当时的先人利用，但并未出现人工改造的痕迹。

“北京人”生活想象图

至于巢穴，因其不易保存，至今尚未发现实物遗址，仅有文字记载。《韩非子》中就有“巢氏人”教人“构木为巢”的古老传说。张华《博物志》称：“南越巢居，北朔穴居。”《太平御览》中说：“上古皆穴居，有圣人教之巢居，号大巢氏。今南方人巢居，北方人穴处，古之遗俗也。”由此可见，在树上架木为巢多为南方人，以远离湿地。古人因地制宜创造出人工的居所——巢穴。

在穴居野处的状态下，祖先们度过了漫长岁月，并萌生了建造住所的意识，在不同的自然条件下，因地制宜，建造了适

应当地环境的居住形式。

漫长进化

随着对自然认识的深入，善于思考的人类对生产工具进行了改造。因此，人类的生存方式从狩猎采集向农业演变是显而易见的事。但与狩猎采集不同的是，种植农作物需要优良的生存条件——肥沃的土地提供水分和营养物质，经由充足的阳光进行光合作用等。然而，农作物对物质的需求量是相对的，如果生存于蓄水过多的地带，反而会对农作物的生长造成损害，这也就驱使人们向平原“进军”，并创建了各式各样的居住场所。这时的民居主要分为穴居、半穴居、地面建筑和干栏式建筑等类型。

穴居

与远古时期人类居住的自然洞穴不同，这时的穴居主要是由人工在土壤中挖出洞穴。这种穴居建筑大量出现在黄河流域，因为该地区雨量较少，而且干燥的黄土具有很好的构建性。按照土穴的制造形式，可分为横穴和竖穴两种。

横穴式居住，又称窑洞式居住，是在黄土断崖或陡坡上横向挖掘一洞穴作为住所，这种做法实际上体现了人们对自然岩洞的模仿。横穴以天然黄土做原材料，便于施工，具有很好的隔热、防寒功能。

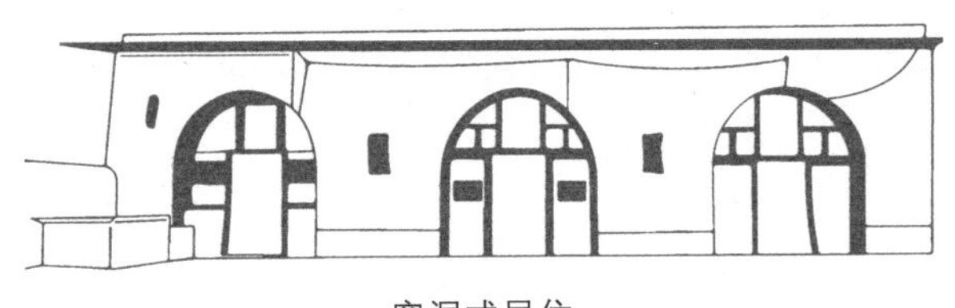

窑洞式居住

横穴主要建在避风向阳、黄土覆盖较厚的半山腰，便于长期居住和就近进行农牧业生产。在建造时，先挖崖面子（窑洞的崖壁），再在崖面下由外向内、由下向上分段挖掘，最后再对洞壁和洞顶进行修整。在史前时代建造横穴可谓是一项大工程，需要依靠氏族成员集体的力量。

据考古发现，横穴多出现在甘肃、宁夏、内蒙古、山西等地。1987年，考古学家在宁夏发现的窑洞式居住遗址，将四千五百年前的窑洞式住居及其村落展现在了人们面前。早期的横穴建造较为简单，以甘肃宁县阳坬遗址为例，它主要由门道和居室组成，门道朝向西南，居室平面呈椭圆形。在稍晚时期的内蒙古园子沟遗址中，横穴的平面多呈“8”字形，外间置灶壁，供炊事、起居用，内间为卧室。

横穴式住居不仅成为黄土地一带居民所喜用的居住形式，而且表现出因地而居的特点。

竖穴是在平地上竖向挖一坑穴，并在穴顶构建覆盖物而成的一种住居形态。它是从横穴中分化演变而来的，具有更广泛的适用性。竖穴的出现，摆脱了横穴只适用于黄土层覆盖较厚地区且必须依靠陡坡断崖的局限，让穴居建造地域扩展到了非黄土地带的干燥地区。但是，竖穴出入不便，且穴内

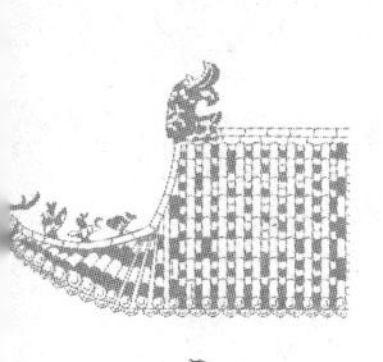

潮湿,不易于长久居住。后来,随着建筑技术水平的提高和经验的积累,竖穴逐渐变浅,穴顶结构逐渐增高,居住空间逐渐由取土而成向构筑转化,竖穴式住居迅速发展为半地穴式住居。

半穴居

由于竖穴的居住面积太小,且出入不便,先人在它的基础上加以改进,使它成为一种新的居住形式——半穴居。它一部分由挖土建成,一部分由围护结构组合而成,是中国史前时期分布最广、使用最为普遍的居住形式,其中最具有代表性的是圆形和方形半地穴式住居。

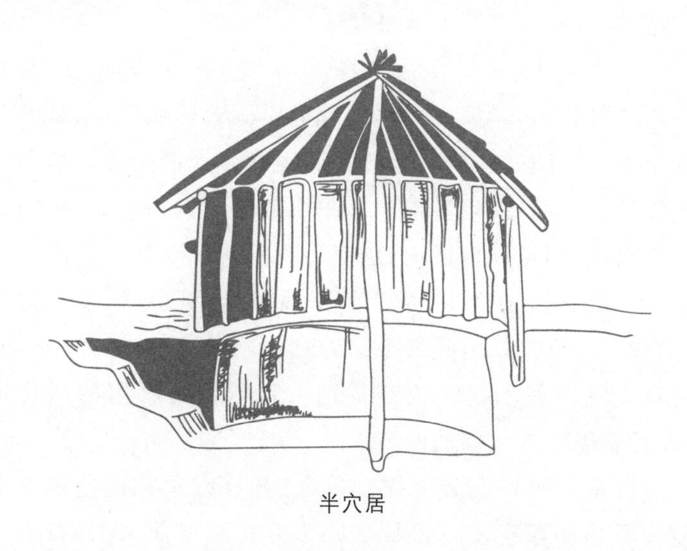

半穴居

圆形半地穴是半地穴住居的原始形式,主要呈现圆形,一般穴底、周壁及灶坑均涂抹草拌泥,并用火烧烤成青灰色硬面。

方形半地穴形成晚于圆形半地穴,一经出现便获得迅速发展，形式也多种多样。居室下部略呈长方形的竖穴，穴底中央并列两根顶端留有部分枝杈的立柱，以两柱顶端为中间支点，东西两侧各架一斜椽木作为大叉手，再以大叉手交结点为顶部支点，沿穴壁顶部四周向心架设其他椽木，构成“攒尖顶”式屋架。木椽上用藤葛类或绳索扎缚横向联系的杆件，顶盖内壁涂草泥，构成防火层。方形半地穴在门道上构筑雨篷，以减轻风雨对室内的冲击，并使室内较为隐蔽和安全，弥补了居所暴露的缺陷。方形地穴的这种构建方法，表明中国以间架为单位的“墙倒屋不塌”的传统木构框架结构体系已趋于形成。

地面建筑

地面建筑式民居由地穴式民居、半地穴式民居发展而成。

原始地面民居

它最初的形式是圆形,顶部和四周的围护结构浑然一体,屋顶与墙体的"分离"十分明显,是传统木架建构基本定型的式样。

西安半坡遗址就出现了方形房屋建筑,经复原后显示已具备"间"的雏形。随着人类社会的不断发展,方形地面民居由低级向高级、由简单到复杂的方向发展,布局结构也悄然发生变化。

干栏式建筑

干栏式建筑就是在由柱、桩构成的架空基座上建筑的高出地面的房屋。从考古发现看,新石器时期在河姆渡文化、马家浜文化和良渚文化的许多遗址中,都发现了埋在地下的木桩以及底架上的横梁和木板,表明当时已产生了干栏式建筑。河姆渡遗址中的干栏式建筑遗存,是中国目前已知最古老的木构建筑,它既可以防虫蛇猛兽之侵害,又可避潮湿,还

干栏式建筑

可豢养家畜，因此它不仅是六七千年前人类的主要住居形式，而且也是今日西南少数民族地区一直保存的民居形式。

综上来看，以黄河流域为代表的干燥寒冷地区，住居经历地穴—半地穴—地面建筑的发展路径，为中国传统建筑土木混合结构和抬梁式屋架的形成奠定了基础。而以长江中下游为代表的水网湖沼地区，住居经历巢居—干栏式建筑—地面建筑的发展路径。在漫长的发展进化中，人工住居的建造技术得到了快速的发展，大量的地面房屋出现，将人类从穴居状态解放出来。

三 代 文 明

夏、商、周三代是中国建筑的大发展时期，中国独特的建筑体系在那时已经初步形成，且有了夯土台基木构架、斗以及院落式组合、对称布局等建筑特征。

夏代

公元前约2070年，中国历史上第一个朝代——夏朝建立，它标志着奴隶制国家的诞生。从夏朝的建筑遗址中可以发现，早期多以半地穴和地面建筑为主，这时建筑的平面为圆形，面积较大，外面用夯土墙围住，室内设炉灶，地面垫红土。而在夏代中晚期，建筑主要有窑洞、半地穴和地面建筑三种形

式，其中以窑洞形式为主。山西省东下冯村遗址中发现的窑洞均是黄土崖壁或沟壁挖掘，居室较小，屋顶呈穹隆状。

在河南二里头遗址中发现了中国早期的庭院式建筑。该遗址前部是平坦的庭院，围绕殿堂和庭院四周的是廊庑建筑，中间是一座夯土台。二里头的宫殿开创了中国宫殿建筑的先河，体现了华夏文明初期在大型建筑中采用土木结合的“茅茨土阶”建筑方式，殿内已有“前堂后室”的划分，建筑组群也呈现庭院式的格局。

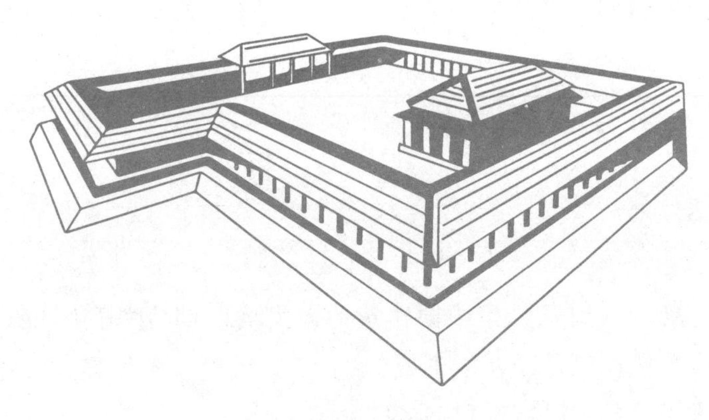

二里头宫殿复原图

商代

商朝已有了较为成熟的夯土技术，能够建造一些规模较大的宫殿和陵墓，这与奴隶居住的穴居形成鲜明的对比，也表明了阶级对立的情况。

从商代的居住遗址中可以发现，房屋的基址主要建在有一定高度的夯土基础上，在墙外普遍使用斜坡式散水，从而减小室内的潮湿度。木结构的支撑柱虽埋入土中,但柱底已成平面,而非原始社会采取的尖桩形式。在原始社会中得以发展的若干建筑技术,如室内刷白、地面烧烤等,在商代仍常用。除了木柱梁式建筑外,窑洞、干栏式也经常用于民居,如山西冯村遗址中发现的窑洞式、四川成都发现的干栏式等。

周代

周代与夏商两代比,疆域更广,人口更多,居住建筑的数量也与日俱增,技术上也有所进步。周代的民居与夏商相差不大,特别在西周早期,仍以半穴居为主,建筑平面有圆形、方形等。周代早期的建筑遗址,也有采取中轴对称的两进院落布局,房屋柱网间距增大,建筑技术较商代有明显进步。

《仪礼》中曾记载东周时期士大夫住宅,这类住宅呈矩形,在南墙正中建南门,中设可通车马的“断切造”门道,两侧为由阶级可登的室——塾,门内辟广庭,庭中置碑。厅堂设在靠近北垣,并在东西两侧设台基,按照西周的礼制,西阶专供宾客用,称“宾阶”;东阶专供主人用,称“阼阶”。台上的建筑面阔五间,中部三间为堂,是主人生活起居和接待宾客之所,堂两侧各建南北向内墙一道,称“东序”与“西序”。

周代还出现了我国最早的四合院实例——陕西岐山凤雏村遗址,它是我国目前已知最早、最严整的四合院实例,有的专家把它称为“中国第一四合院”。不仅如此,周代的建筑技术也有进步,已经使用斗和栱,并将其进行简单的组合。中山王墓中出土的《兆域图》,告诉人们当时的建筑是先绘制出平面图才施工的。

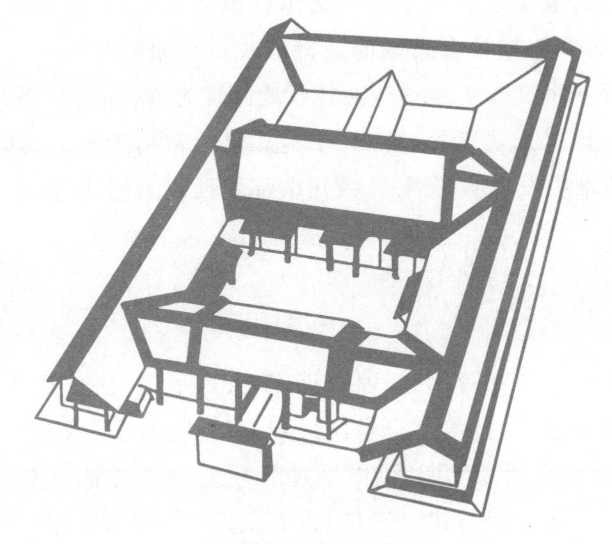

陕西岐山凤雏村遗址

这时期干栏式建筑仍是长江流域普遍运用的建筑形式，湖北蕲春县毛家咀遗址，出现了木柱、楼板、楼梯和板墙。

秦砖汉瓦

所谓"秦砖汉瓦"并非指"秦朝的砖、汉代的瓦"，而是对砖和瓦的统称。这种称谓传达着远古风范，散发着中国传统文化的韵味。

砖的发明是中国建筑史上的重要成就之一。砖分空心砖、条形砖、长方形砖、楞砖、曲尺砖等多种。秦代的砖素有“铅砖”之美喻,以其颜色青灰、质地坚硬、制作规整、浑厚朴实、形制多样而著称于世,有人给予“敲之有声,断之无孔”的评价,可见质量之高。秦砖的特征在于纹饰有米格纹、太阳纹、小方格纹、平行线纹等图案以及游猎和宴客等画面,也有用于台阶或壁面的龙纹、凤纹和几何形纹的空心砖。有的秦砖上刻有文字,字体瘦劲古朴,这种古砖十分少见。

秦汉时期的建筑中已经广泛用砖,这也是该时期建筑的典范之一。秦都咸阳宫殿建筑遗址和陕西临潼、凤翔等地发现了众多秦代画像砖和铺地青砖。铺地青砖除为素面外,大多数砖面饰有太阳纹、米格纹、小方格纹、平行线纹等。而用于台阶或壁面的空心砖,砖面或模印花纹,或刻画龙纹、凤纹,也有射猎、宴客等场面。《史记·蒙恬列传》记载了秦代修筑万里长城的情况:“始皇二十六年,使蒙恬将三万众北逐戎狄,收河南,筑长城。因地形,用制险塞,起临洮,至辽东。延袤万余里,于是渡河至阳山,逶蛇而北。”在高山峻岭之顶端筑起雄伟豪迈的万里长城,其工程之宏大,用砖之多,举世罕见。

到西汉时期,空心砖的制作有了新的发展,即在砖面纹饰图案,题材广泛,内容丰富,构图简练,形象生动。空心砖不单是作为建筑材料,更多地是用来建造画像砖墓。汉代画像砖的制作较为普遍,画像内容也愈加丰富,如阙门建筑、人物、车马、狩猎、乐舞、宴饮、杂技、驯兽、神话故事等。

到了东汉,画像砖的应用范围进一步扩大,画像砖的内容也更为丰富,有的反映播种、收割、舂米、酿造、盐井、探矿、桑园等生产活动,有的描写市集、宴乐、游戏、舞蹈、杂技等的社

会风俗，还有的内容为车骑出行、阙观及神话故事等。

画像砖上的画

建筑用瓦分板瓦和筒瓦两种。它起源于西周，在陕西扶风、岐山一带的西周宫殿建筑遗址中大量出现，反映中国古代劳动人民在建筑用瓦上的伟大创造，也开创了瓦顶房屋建筑的先河。

秦汉时期的瓦当堪称建筑上的另一典范，它是筒瓦顶端下垂部分，起着保护屋檐不被风雨侵蚀的作用。

不同时代的瓦当有着不同的艺术风格。秦代瓦当绝大多数为圆形带纹饰，纹样可分为动物纹、植物纹和云纹三种。动物纹中有奔鹿、立鸟、豹纹和昆虫等，植物纹中有叶纹、莲瓣纹和葵花纹，云纹瓦当图案基本在边轮范围内，用弦纹把瓦当正回分为两圈。秦宫遗址出土的瓦当纹饰以动物变形图案为主。秦瓦出现少量文字瓦当，例如“羽阳千秋”“千秋利君”等，字体多以小篆为主，行款较固定，少见图案。

汉承秦制，汉代的瓦当青出于蓝而胜于蓝，不仅数量多，而且种类丰富，制作也日趋规整，纹饰图案井然有序。值得一提的是文字瓦当在汉代大量出现，不仅完善了瓦当艺术，同时也更加鲜明地反映了当时社会的经济状况和思想意识形态，将中国古代的瓦当艺术推向新高峰。

汉代素面瓦当较为少见，多数为饰纹瓦当和文字瓦当。饰纹瓦当的图案多取材于超现实的瑞兽，如青龙、白虎、朱雀、玄武四神瓦当，形神兼备，是这一时期的代表作。瓦当的圆面尽量体现形体的伸展力度，神态性格明显，是一种艺术性极强的装饰浮雕作品。除此之外，还有各种动物、植物等纹样。通

四神瓦当

过丰富的想象，细腻而不繁琐的线条勾勒，将汉代质朴浑厚、气势磅礴的艺术风格通过瓦当表现得淋漓尽致。同时，汉代文字瓦当的数量较多，与秦时瓦当的不同在于其中心是乳钉与联珠，给铭文安排了一个固定模式，在此范围内作或上下或左右的变化；且文字数目也不一，最长有十多字，字体有小篆、隶书、真书等，布局疏密相间，用笔粗犷，反映了当时统治者的意识和愿望，表现出中国文字独特的美，成为中国陶制品中独具魅力的珍藏。

汉代瓦当的形制有半圆形和圆形两种。半圆形瓦当流行于汉初，圆形瓦当在汉武帝以后应用较多。

斗拱在汉代得到极大的发展，其种类繁多，形象千奇百怪，在各种阙、墓葬及画像砖中都可以见到。斗拱既起支撑的作用，又有装饰的艺术效果，体现了汉族住房建筑浓厚的民族

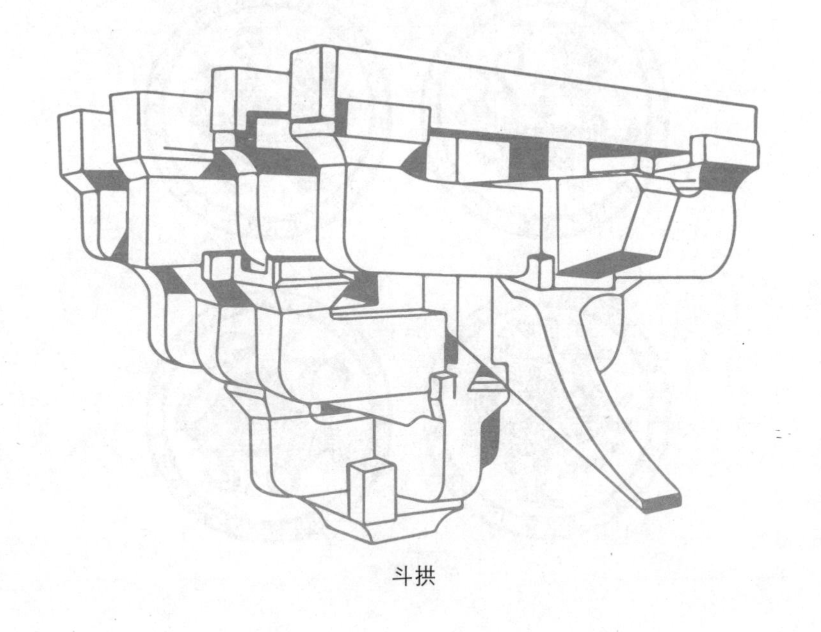

斗拱

风格。通过汉代大量壁画、画像石、石祠等可知，当时北方和四川等地建筑多用台梁式结构；南方则用穿斗架，斗拱成为大型建筑挑檐常用的构件。至此，中国古代木构架建筑中常用的抬梁、穿斗、井干三种基本构架形式已经形成，木构技术已经足够支撑房屋在平面上的延展，甚至可以支撑建筑单体向高空发展，建造像望楼、水阁等多层建筑。但从经济性和防火性来考虑，传统民居并没有向高空继续发展，而主要向水平方向和内部空间组织方向延伸。

魏晋风采

魏晋南北朝的民居脱离了汉代的格调，开创一代新风，由单一的建筑主体，转变为多样的建筑形式，还增添了许多生动的雕刻，如花草、鸟兽、人物等纹饰。同时，受中原大宅与坞堡建筑的影响，这时形成了宗族共同聚居的围堡式大屋，坞壁四周建造高墙，大门上建楼，四隅建角楼，如赣南的土围、粤东的围龙屋、闽西南的圆楼等，且屋内还有许多其他相关的防御设施，如射击孔、角楼等，俨然是一座防卫森严的城堡。

敦煌壁画北魏第二百五十七窟的《须摩提女缘品》画中，有这种坞堡的形象。《魏书·释老志》中关于敦煌坞壁有“村坞相属”的记载，其中雉堞、城垣、望楼就是其中的防御设施。北魏统一北方后，社会逐步稳定，坞堡这种特殊的民居形式逐渐退出历史舞台。

这时期的大型宅第还是延续了汉代以来的院落组合形式，以堂屋和主庭院为中心，四周布置次要的房屋。南朝在住宅旁或宅后建有园林。贵族宅第大门用庑殿顶和鸱尾，围墙上用直棂窗，围绕着庭院建有走廊。而一般的贫农、寒士的民居多为“蜗庐”，他们过着“农夫餔糟糠，蚕妇乏短褐”的生活。

魏晋时期中国的建筑发生了巨大变化，单栋建筑在之前的艺术上进一步发展，楼阁式建筑大量涌现。斗拱有卷杀、重叠等形式，人字拱大量使用，后期还出现了曲脚人字拱；直棂和勾片栏杆兼用；柱础覆盆高，莲瓣狭长；台基有砖铺和须弥座；天花常为人字坡或覆斗形天花；屋顶的尾脊已有生起曲线，屋角有起翘；有使用人字叉手和蜀柱的梁坊，栌斗上承梁尖，或栌斗上承栏额，额上承梁；柱分直柱、八角柱等。除上述外，建筑结构逐渐由土木混合结构向全木结构发展；建筑风格由古拙、强直、端庄、严肃为主的汉风向豪放、遒劲活泼的唐风过渡。

隋唐盛景

隋唐时期尤其是唐代是中国封建社会经济文化发展的高潮时期，也是我国古代建筑技术发展的成熟时期。这个时期的建筑不仅继承了两汉以来的成就，同时也吸收了外来建筑的元素，形成了一个完整的体系，可谓一派大唐盛景。

严密的等级性

隋唐时期等级制度较为严格，上至天子下至庶士“各有等差”，因此建筑也呈现出等级性。唐《营缮令》中对建筑有严格的规定：“王公以下舍屋不得施重拱藻井。三品以上堂舍不得过五间九架，厅厦两头，门屋不得过三间五架。五品以上堂舍不得过五间七架，厅厦两头，门屋不得过三间两架。仍通作乌头大门。勋官各依本品。六品七品以下堂舍不得过三间五架，门屋不得过一间两架。非常参官，不得造轴心舍及施悬鱼、对凤、瓦兽、通栿、乳梁装饰。其祖父舍宅，门荫子孙。虽荫尽，听依仍旧居住。其士庶公私第宅，皆不得造楼阁，临视人家。近者或有不守敕文，因循制造。自今以后，伏请禁断。又庶人所造堂舍，不得过三间四架。门屋一间两架，仍不得辄施装饰。”从中可以看出，居住的规则重在控制主体堂舍和门屋。堂是住宅的核心，是接待宾客、举行典礼的地方，门屋则是住宅的门面，这两部分是居住的重点，即“门堂之制”，故对其有严格的限制和规定。

坊里制度

隋唐时期是传统民居变革和成形的主要时期，随着生活方式的转型，民居的类型开始增多。坊里是城市居住区的基本单位。白居易在诗中将长安城的坊里描写为“百千家似围棋局，十二街如种菜畦”。

隋唐长安城中，有一百多个整齐划一的坊里。坊内按一定的规则划出整齐的地块，供每户的住宅自建。按隋唐时期的土地政策——“良口三口以下给一亩，每三口加一亩”，一个普通家庭按三到九口人计算，大概能分得一到三亩的宅基地，虽然比孟子的“五亩之宅”小了一点，但基本满足普通家庭居住、种菜等基本需求。自家宅基地上一般建有围墙环绕，里面有廊道连接各屋舍，形成庭院或廊院；宅旁或宅后留出菜地，甚至中等宅院旁边还可以留出果园。大型宅院由一系列院落和门堂建筑组成，周围回廊环绕成院；旁边或有山或有池园，形成外闭内敞、廊院开敞、建筑疏朗的宅院特点。

合院布局的变化

隋唐时期民居形式丰富多样，其核心模式仍以四合院为主。隋代敦煌壁画中就描绘了大片民居宅地纷繁的现象。这些宅地堂阁高耸，廊庑曲折连绵，令人眼花缭乱。壁画在表现宅院格局的同时，还将建筑结构展现得十分清晰，有的大院有门楼，门楼两侧有曲折的廊围形成的庭院，院中有堂，堂中有庭；有的还设有后门和侧门；有的堂两侧设有厢房。

到唐代，廊庑环绕的廊院式布局仍在延续，同时还出现在东西两侧设置的三合院、四合院的形式。门和堂的格局变化不大，只是空虚的廊庑变成实体的厢房，在提高使用率的同时，也加强了封闭性。敦煌莫高窟的壁画中就展现了典型的北方民居大院。在夯土院墙内有廊庑围成的内院，正中有三间堂屋，两侧各有三间夹屋。宅院的门不在轴线中间，而是偏向一侧，这是当时流行的一种宅院布局形式。

总的来说,隋唐时期民居的布局呈现廊院式与合院式交叉过渡的状态。从盛唐开始,合院式的民居形式开始推广,它虽然反映中国封建宗法社会形成的封建性的一面,但在使用功效上也有不可否认的优越性——由廊庑围成院落,形成单进或几进庭院,是中国传统民居的精华。在庭院中既可享受户外生活的舒畅,又能保持内庭生活的宁静。

宅园

隋唐继承了魏晋以来崇尚山水自然美的趋向,许多皇亲贵戚、文人雅士建造宅园、庭园、山庄,形成宅地与林木山水相互交融的景象。这时期的宅园主要有三种形式。

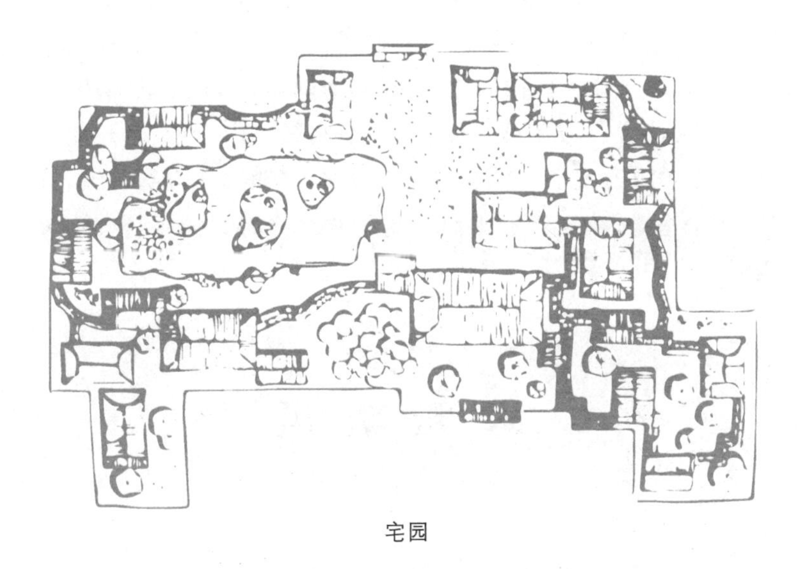

宅园

一是以山居为主,以自然为依托,如王维的辋川别墅、白

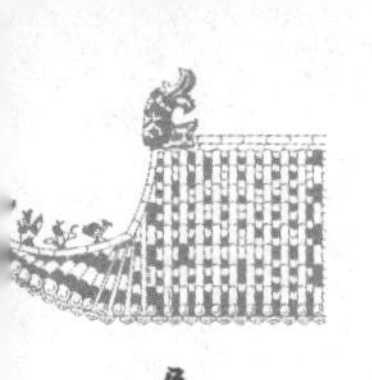

居易的庐山草堂、李德裕的平泉山庄皆建于山野之地，利用美丽的天然山水营造成休憩场所。王维将住宅游馆建于风景绝胜之地，又以园林建筑或富有特色的山水、植物为主体，构成了一处处雅致独特的景观。王维不仅偕同裴迪等友人经常赏游、聚酒酬唱，而且还用他擅长的画笔对辋川加以描绘，从而使得辋川别墅更加闻名遐迩。

二是将山石、园地、竹木融入宅地，建成人工山水宅园。据李格非在《洛阳名园记》中记载，唐太宗贞观、唐玄宗开元盛世时营造私园之风极盛行，公卿贵族、皇亲国戚在东都洛阳营建公馆府地有千余家，这些大宅均布置"池塘竹树""高亭大榭""有堂有廊，有亭有桥，有船有书"，情趣高雅，意境优美。

三是规模较小的庭院内部用竹木、山地点缀，形成带园林气息的小型宅园，从而衍生出对景物近观、细品的爱好。杜牧在《盆地》一诗中生动地展示这种小庭园的景观意蕴："凿破苍苔地，偷他一片天。白云生镜里，明月落阶前"。白居易的《闲居自题》诗说："波闲戏鱼鳖，风静下鸥鹭。寂无城市喧，渺有江湖意。"履道及宅园中水占了五分之一，竹占了九分之一，四望渺弥苍翠，故居于城中而有寓居水乡之感。园中还建有琴亭、石樽、中岛亭、环池路等用于游园赏景的园林小品。

宋元新风

宋元时期是我国民居的创新时期，风格逐渐失去唐代的雄浑、阳刚之气，呈现纤巧秀丽、简约雅致之美，有世俗化、平民化的倾向。及至元代,因统治者崇信宗教,民居中带着一种潦草直率、粗犷豪放的蒙古草原的独特风格,院落式布局和工字形房屋在民居中最为流行。

宋代住宅的等级制度仍然像唐代一样严密,营缮法令规定宅第的等级形制,建筑法令规定具体的工程做法,对宅第的等级限制达到周密的程度。

《宋史·舆服志》记载:"六品以上宅舍,许用乌头门。父祖舍宅有者,子孙仍许之。凡民庶家,不得施重拱、藻井及五色文彩为饰,仍不得四铺飞檐。庶人舍屋,许五架,门一间两厦而已。"除非六品以上的官员,普通百姓家的大门不能漆成黑色,不能用重拱、藻井、五色文彩、四铺飞檐。《续资治通鉴长编》中也有对民居限制的记载:"天下士庶之家,屋宇非邸店、楼阁临街市,毋得为四铺作及斗八,非品官毋得起门屋。非宫室、寺观毋得绘栋宇及间朱黑漆梁柱窗牖,雕镂柱基。"

"市""坊"界限的打破,是宋代民居最主要的变化。宋代城市的结构一改汉唐时期封闭内向的坊里制度,城市商业氛围非常浓厚,民居形式多种多样。

张择端《清明上河图》描绘的汴梁城内民居院落形式自由且多样,有的藏在里面,有的院前沿街设门,有的前店后宅,有"工"字形、"L"形等多种组合。房屋密度加大。为了增加居住面积,庭院尺度减小,院落周围多以廊屋代替回廊,有的甚至还建造两层楼房。再如王希孟在《千里江山图》中描绘了多种灵活布局的乡村庭院。这时江南的住宅注重美化生活环境,庭院园林化,促进了江南私家园林的发展。"市""坊"界限的打破,体现城市市民意识和实用观念的苏醒,也展示宋代文化的世俗化、平民化倾向。

宋代是中国古典园林创造的成熟期，随着山水画的兴起，诗情画意的山水园林更加兴盛。这时的园林建筑纤巧秀丽，集自然美与人工美于一体，令人心旷神怡。宋代民居中亦常建有园林，这些私家园林娇小、简约、雅致、天然。北宋李格非所写的《洛阳名园记》记载富弼的富郑公园在其宅院的东侧，入口有探春亭，园中有大水池，水从东北方引入，经过方流亭，从西南方流出。水池北岸造假山，假山之北有竹林，假山内有水洞，利用大竹引水出洞。假山之南建四景堂，南岸建卧云堂，卧云堂之南堆土成山，山顶建有天光台与梅台，能够观看园内景色。

宋代私家园林

宋代合院式住宅仍是民居的主流形式，但城市与农村之间的居住形态差异明显，这种差别不仅体现在结构形式上，还表现在空间布局和文化上。

城市里四合院式的民居较为考究，主要适用于官僚、文人、富贾等人的住宅。从《清明上河图》中可以看出，城内的大宅外建门屋，内带厢房。当然也有并不富裕的市民的住宅，他们虽也采用四合院形式，但房屋较为简陋，其中小型住宅多使用长方形，梁架、栏杆、悬鱼、惹草等形体显得朴素而灵活。而农村的住宅形式较为简单，多是两间或三间一组，且与外部环境有很强的融合性。《清明上河图》中的农村住宅有的为墙身较矮的茅屋，有的以茅屋和瓦屋相结合构成一组。王希孟的《千里江山图》画了许多山野村庄的宅屋，其中大多数带有东西厢房，因为厢房较之回廊更为经济实惠，这体现出宋代民居的经济性和实用性。

总的来说，宋代的民居建筑无论在等级制度、结构安排、空间布局、建筑风格等方面，都深深地烙上了宋代文化的痕迹，“存天理、去人欲”反映了当时的中国文人及其整个民族的文化心态，有“向内转”“内敛”“内倾”的特性，不追求物质层面上的宏大，但求精神意义上的深广蕴意。正如宋代理学家邵雍所言“心安身自安，身安室自宽”“气吐胸中，充塞宇宙”。

元代蒙古族统一中原，在民居方面，蒙古包建筑是草原地区广泛使用的民居形式；至于汉族的民居，多受大都（今北京）住宅的影响而呈院落式布局和“工”字形，这些民居均体现一种潦草直率、粗犷豪放的蒙古草原的独特风格。

明清造极

明清是封建社会最后一个大一统和多民族国家巩固、发展的时期，国力强盛，经济发达，许多行业都取得卓越成就，令

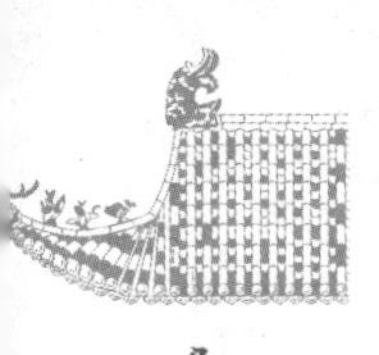

世人瞩目，民居建筑更是登峰造极。

明清民居的等级制度主要是限制间数和架数，至于建筑层数，则可因地制宜。这时的等级制度不仅因袭旧制，而且更为严格，划分更细。以前针对庶民的限制，在明初已开始针对官员，“官员造宅不许用歇山及重檐屋顶，不许用重拱及藻井”，这表明除皇家成员外，不论你官位多高，住宅不能用歇山顶，只能用“两厦”（悬山、硬山）。《明会典》规定：“禁止官民房屋雕刻古帝后、圣贤人物、日月、龙凤、麒麟、犀、象等形象，不准歇山转角、重檐重拱及藻井。”对各级官员的宅第也有详细规定：“一二品官员的厅堂五间九架，屋脊用瓦、梁栋、斗拱、檐角青碧绘饰，门绿油兽面锡环。三至五品官员的厅堂五间七架，屋脊用瓦兽，梁栋，檐桷青碧绘饰，门黑油锡环。六品至九品，则厅堂三间七架，梁栋饰以土黄，门黑油铁环。所有品官房舍，门窗户牖不得用丹漆。”

等级制度不仅对官员，甚至对王公府第也有相关规定，如《大清会典》所载：“亲王府第，正门五间，启门三，缭以重垣，基高三尺。正殿七间，基高四尺五寸；翼楼皆九间，前墀环以石栏，台基高七尺二寸；后殿五间，基高二尺，后寝七间，基高二尺五寸；后楼七间，基高尺有八寸。”还规定：“正门殿寝用绿色琉璃瓦，脊安吻兽。门柱用五彩金云龙纹，但禁止雕刻龙首。压脊七种，门钉纵九横七，楼屋旁庑用筒瓦。世子府制正门五间，金钉减亲王七之二。郡王、贝勒、贝子、镇国公、辅国公与世子府同，公门钉纵横皆七。侯以下至男递减至五五，均以铁。”这种等级制度上的规定甚至渗透到了门镊、门钉等细节。

至于布衣百姓的住宅，规定更为苛刻谨严。屋顶的瓦样、琉璃色彩、屋脊瓦兽等都有等级限定，且将梁柱、斗拱、窗户的彩绘雕镂等也都列了等级的限定，如百姓的屋舍不许超过三间，不许用斗拱和彩色等。

明清时期，基于儒家伦理道德学说的封建社会体制已形成和巩固，反映在住宅中即为提倡长幼有序、兄弟和睦、男尊女卑等道德观念，并崇尚几代同堂的生活方式，因此宗法制度和道德观念对民居的布局、构成等均有深刻影响。例如，农村对宅基地的选择必须前有流水，后有高山，房屋坐北朝南，地形前低后高等。这种布局有其合理的一面，因为前有流水，方便用水、交通、洗涤；后有高山，可以抵挡寒风侵袭。当然也有风水观中的另一种押邪和象征的思想。例如民宅中用的马头墙，它在山墙的墙头部位做成台阶式盖顶，为美观形象，在盖顶的前沿部位做成马头形状，即山墙做成马头形状。起初修建马头墙说明该户家族中有人中举，或文官，或武官，有炫耀的意思，后来马头墙逐步演变为防火墙。因为在聚族而居的村落中，民居建筑密度较大，发生火灾时，火势容易顺房蔓延，而马头墙则可满足村落房屋密集防火、防风的需求，起着隔断火源的作用。久而久之，就形成一种特殊风格了。

明清时期，居民建筑在装饰艺术方面取得较大发展，主要体现在彩画、小木作、栏杆、内檐装修、雕刻、塑壁等方面，其中以雕刻方面最为突出。明代的门窗非常简单，主要有井字格、柳条格、枕花格、锦纹格。到清代，其种类明显增多，门窗棂格图案更为繁杂。还创造了一种用刨子加工成各种线脚作为建筑装修的工艺，即“砖细”，它通常用作门窗框、墙壁贴面。清代，多数门窗棂格图案发展为套叠式，即两种图案相叠加，如十字海棠式、八方套六方式、套龟背锦式等。江南地区尤喜爱夔纹式，并由此演化为乱纹式，进一步变为粗纹、乱纹结合式

样。浙江东阳、云南剑川等地木雕发达，有些民居门隔扇心全为透雕的木刻制品，花鸟树石跃于门上，宛然一组画屏。内檐隔断也是装饰的重点，大量运用罩类以分隔室内空间，常见的就有栏杆罩、几腿罩、飞罩、炕罩、圆光罩、八方罩、盘藤罩、花罩等式，此外尚有博古架、太师壁等室内隔断形式。丰富的内檐隔断创造出似隔非隔、空间穿插的意境。内檐装修中也引用了大量工艺技术，如玉石雕刻、贝雕、金银镶嵌、竹篾、丝绸纱绢装裱、金花墙纸等，令室内观赏环境更加美轮美奂。雕刻这种装饰手段在民居中的广泛应用，既成为富裕人家表现财力的一种标志，也能充分表现出工匠的巧思异想与中国传统建筑的形式美感。

此外，这时的建筑形式以硬山、悬山、歇山、庑殿、攒尖五种形式为主。庑殿分单檐和重檐；歇山有单檐和重檐、三滴水楼阁歇山、大屋檐歇山、卷棚歇山等；攒尖建筑则有三角、四角、五角、六角、八角、圆形、单檐、重檐、多层檐等多种形式，既注意总体布局及艺术意境的发挥，又在建筑装饰艺术方面有划时代的表现。

中西合璧

进入19世纪后，西方建筑文化在中国逐步扎根并生长，这时的民居处于承上启下、中西交汇的过渡时期，“西化风潮”开始兴起，一道中西合璧的民居盛宴隆重登场。以开平碉楼为例，它位于广东省江门市下辖的开平市境内，是中国乡土建筑的一个特殊类型，是集防卫、居住和中西建筑艺术于一体的多层塔楼式建筑。其特色就是中西合璧的民居，有古希腊、古罗马及伊斯兰等多种风格。

开平碉楼是中国社会转型时期不可多得的主动接受外来文化的重要历史文化景观。开平碉楼大规模兴建的年代，正是中国由传统社会向近代社会过渡的阶段，外来文化对传统文化的冲击方式各不相同。国内一些沿海沿江大城市的西式建筑，主要是被动接受的舶来品，而以开平为中心出现的碉楼群，则是中国乡村民众主动接受西方建筑艺术并与本土建筑艺术融合的产物。不同的旅居地，不同的审美观，造就了开平碉楼的千姿百态。

中西合璧的碉楼

开平碉楼融合了中国传统乡村建筑文化与西方建筑文化的独特建筑艺术，成为中国华侨文化的纪念丰碑，体现了中国华侨与民众主动接受西方文化的历程。在开平建筑中，汇集了外国不同时期不同风格的建筑艺术，如古希腊的柱廊，古罗马的柱式、拱券和穹隆，欧洲中世纪的哥特式尖拱，伊斯兰风格拱券，欧洲城堡构件，葡式建筑中的骑楼，文艺复兴时期和17世纪欧洲巴洛克风格的建筑等。

开平碉楼寄寓了侨乡人民的传统环境意识和风水观念，是规划、建筑与自然环境、人文理念的完美结合。碉楼这种单体建筑，主要分布在村后，与四周的竹林、村前的水塘、村口的榕树，形成了根深叶茂、平安聚财、文化昌盛的和谐环境。点式的碉楼与成片的民居相结合，在平原地区宛如全村的靠山，满足了村民需要安全保护的心理。从一般民居到碉楼(由低到高)的过渡，表达了村民"步步高升"的愿望。

开平碉楼是世界先进建筑技术广泛引入中国乡村民间建筑的先锋。近代中国城镇建筑已经大量采用了国外的建筑材料和建筑技术。开平碉楼作为一种乡土建筑也大量使用了进口水泥、木材、钢筋、玻璃等材料，钢筋混凝土的结构改变了以秦砖汉瓦为主的传统建筑技法，这为更好地发挥它的使用功能，同时又注意形式的变化和美感创造了条件。碉楼为多层建筑，远远高于一般的民居，便于居高临下地防御。开平碉楼的墙体比普通的民居厚实坚固，不怕匪盗凿墙或火攻，窗户比民居开口小，都有铁栅和窗扇，外设铁板窗门。碉楼上部的四角，一般都建有突出悬挑的全封闭或半封闭的角堡(俗称"燕子窝")，角堡内开设了向前和向下的射击孔，可以居高临下地还击进村之敌。同时，碉楼各层墙上开设有射击孔，增加了楼内居民的攻击点，这样的碉楼纵横数十公里连绵不断。

开平碉楼的造型变化主要在于塔楼顶部。楼顶建筑的造型可以归纳为上百种，但比较美观的有中国式屋顶、中西混合式屋顶、古罗马式山花顶、穹顶、美国城堡式屋顶、欧美别墅式房顶、庭院式阳台顶等形式。开平碉楼的上部造型，分为柱廊式、平台式、退台式、悬挑式、城堡式和混合式等。开平碉楼的下部形式都大致相同，只有大小、高低的区别。大的碉楼，每层相当于三开间，或更大；小碉楼，每层只相当于半开间。最高的碉楼如赤坎乡的南楼高达七层，而矮的碉楼只有三层，比一般的楼房高不了多少。

碉楼按建筑材料不同可分为钢筋水泥楼、青砖楼、泥楼、石楼等。

钢筋水泥楼多建于20世纪二三十年代，是华侨吸收世界各国建筑不同特点设计建造的。整座碉楼的用料全部用水泥、砂、石子和钢筋建成，建成之后，极为坚固耐用。但由于当时的建筑材料靠国外进口，造价较高，为节省材料，也有的在内面的楼层用木阁组建。

青砖碉楼包括内泥外青砖、内水泥外青砖和青砖砌筑三种。内泥外青砖碉楼，实际上就是上面说的泥砖楼，不过，它在泥墙外表镶上一层青砖，这样，不但美观，而且可以延长碉楼的使用寿命。内水泥外青砖碉楼的墙，表面看上去是青砖建筑，其实是里、外青砖包皮，中间用少量钢筋和水泥，使楼较为坚固，但又比全部用钢筋水泥省钱，且外表美观。青砖楼全部由青砖砌成，比较经济、美观、耐用，适应南方雨水多的特点。

泥楼包括泥砖楼和黄泥夯筑楼两种。泥砖楼是将泥做成

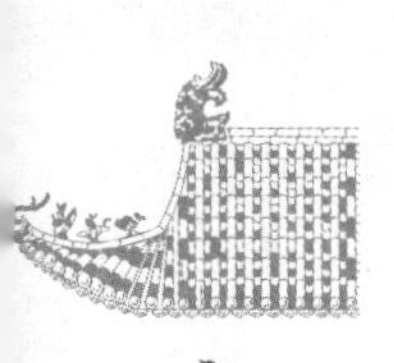

一个个泥砖，晒干后用作建筑材料。为了延长泥砖的使用寿命，工匠们在建筑泥楼时，往往在泥砖墙外面抹上一层灰沙或水泥，用以防御雨水冲刷，从而起到保护和加固的作用。黄泥夯筑的碉楼是用黄泥、石灰、砂、红糖按比例混合拌成作为原料，然后用两块大木板夯筑成墙。这样夯筑而成的黄泥墙，一般有一尺多厚，其坚固程度可与钢筋水泥墙相比。

石楼用山石或鹅卵石做建筑材料，外形粗糙、矮小，却坚固耐用，这种碉楼数量极少，主要分布在大沙等山区。

按功能不同也可将碉楼分为众楼、居楼、更楼等，其中居楼最多。

众楼建在村后，由全村人家或若干户人家集资共同兴建，每户分房一间，为临时躲避土匪或洪水使用。其造型封闭、简单，外部的装饰少、防卫性强。在三类碉楼中，众楼出现最早，现存473座，约占开平碉楼总数的26%。

居楼也多建在村后，由富有人家独资建造，它很好地结合了碉楼的防卫和居住两大功能，楼体高大，空间较为开敞，生活设施比较完善，起居方便。居楼的造型多样，美观大方，外部装饰性强，在满足防御功能的基础上，追求建筑的形式美，往往成为村落的标志。居楼数量最多，现存1149座，在开平碉楼中约占62%。

更楼主要建在村口或村外的山冈、河岸，高耸挺立，视野开阔，多配有探照灯和报警器，便于提前发现匪情，向各村预警，它是周边村落联防需要的产物。更楼出现时间最晚，现存221座，约占开平碉楼的12%。

民居主要类型

经过长期构造技术和工艺的积累，加之各地文化交流频繁，民居形式逐步走向多元化，并日益形成规制。如北方四合院的格局严谨、凝重；江南民居格局紧凑、秀雅；西南民居多斗式、干阑式结构，造型质朴；边疆少数民族的蒙古包、藏碉楼等民居形式也别具特色。民居形制不少于数十余种，大致分为合院式民居、干栏式民居、窑洞式民居、碉楼式民居、帐篷式民居等。各区域的民居类型是自然环境、人文环境的综合呈现。

四合院式民居

在中国辽阔的土地上，无论是从北到南还是从东到西，都有四合院分布，东北的大院是四合院的形式，陕西的下沉式窑洞也是四合院的布局。正房（北屋）、倒座房（南屋）、东厢房和西厢房在四面围合，形成一个口字形，里面是一个中心庭院，所以这种院落式民居被称为四合院。它是中国民居中最基本、最普遍的一种形式，是中国民间建筑的代表。我们以北京的四合院为例来说明其布局特征。

四合院布局

所谓四合院，是指由东、西、南、北四面房子围合起来形成的内院式住宅。其特点是主体建筑坐北朝南，都有堂室、庭院、院墙、院门、栏厩、厕所、厢房、耳房、后罩房、倒座、楼阁、廊庑、门屋、影壁、石狮等。院落四周都由墙壁围绕起来，通过一个大门与外界相通。房屋布局与家庭成员的住房有着比较严格的规定。一般正房高于侧房和厢房，家长住正房，而兄弟、子女辈则住在侧房或耳房中。以坐北朝南的北房（堂屋）为最好，也称正房；东西两侧厢房次之，而与堂屋相对的南房称为倒座房，堂屋左侧的次间（即东屋）往往住祖父母，其右侧的次间（即西屋）住父母，且左侧次间比右侧次间略大。这是因为除南尊北卑之外，在东、西方向上，古人还以东为首，以西为次。除堂屋外，左侧次间（东屋）被认为是仅次于堂屋的房间，所以家庭中辈分最高的祖父母往往住在东屋，因此，人们也把主人称为"东家"或"房东"。家中子女一般住东西厢房，如果家中人口多，也有住在南屋的，过去讲"有钱不住东南房，冬不暖来夏不凉"，指的就是倒座房（南房），一般都是下人居住或用来会客的。再讲究一些的四合院，在院落的最后还设有后罩房，给未出嫁的女子居住。四方房屋有檐下回廊，回廊和天井是家庭成员和客人进行日常交流的场所。

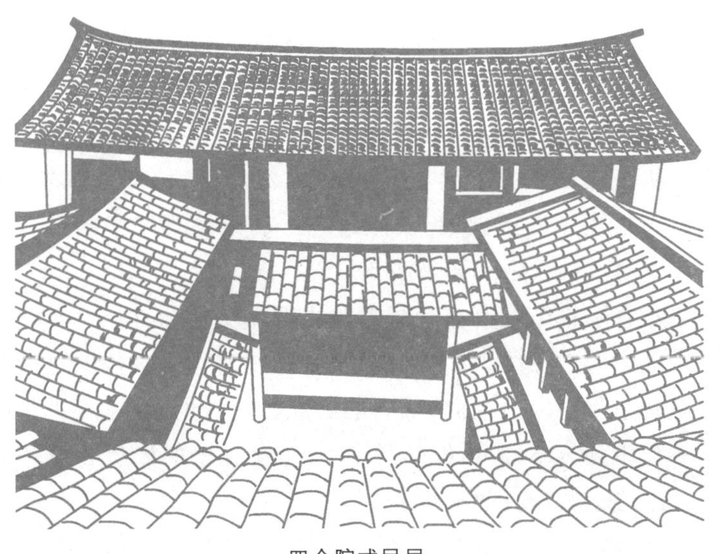

四合院式民居

如果院落是坐北朝南的，大门就位于整个院落的东南角，进了大门，迎面是照壁，照壁的左边是一座月亮门，跨过月亮门，就进了前院。传统的四合院一般分为内宅和外宅，

由二门连接。内宅一般是主人生活起居的地方，外人不得随便出入。外宅很窄，仅五间南屋，前后宅之间有二门相连。二门的叫法、做法各地不同，北京人称之为"垂花门"，雕饰非常精美。"垂花门"可以说是四合院建筑的精华，位于四合院的主轴线上，与临街的倒座房（南房）中间的那间相对，其建筑风格华丽，有许多非常精美的雕刻，装饰十分讲究。过了二门，才算是到了正院，即主人居住的地方。正院迎面为高大宽敞的北屋，左右为对称的东西厢房，院内大多还种上一两棵石榴树（石榴子多，寓意为多子多福），这是标准的四合院格局。

四合院文化特性

从整体来看，四合院有封闭性、对称性、伦理性等特点。它不仅代表了中国人的一种居住方式，还体现了中国千百年来形成的一种秩序——宗法制度。

四合院整个院落被院墙封闭得严严实实，只留一个大门，而且这扇大门在绝大多数时候都是紧闭的。四合院的这种封闭格局是和中国人内向、保守的心态分不开的，而这种封闭心态又与中国人千百年来安于现状、与世无争的处世哲学和自给自足的小农经济紧密相关。

四合院的主要建筑都位于中轴线上，建筑严格对称且沿南北纵深发展，东西厢房和前后院落也采用对称的布局，给人的感觉就是统一和严谨。大户人家的四合院往往由若干院落组成，先是在纵深方向增加院落，再横向发展，增加平行于中轴的跨院。四合院的这种布局符合中国传统家庭的起居习惯,也体现了中国式家庭的伦理道德规范和居住范式。

四合院的精髓在于院子。全家几代人住在院子四周的房子里,既被小院隔开,又被小院连在一起,成为一个不可分割的整体。关上院子的大门,一家人与世无争,亲亲热热、和和美美地生活在一起。人们崇尚四合院更主要的原因是这种建筑形式适应了中国数世同堂大家庭的需要,符合家族宗法制度对家庭伦理道德的要求,家长住在最高大的北屋里,监督院内每个人的言行举止,全家几代人要听命于一个家长,四合院是最理想的住宅。

干栏式民居

中国的干栏式民居主要分布在长江以南。这与南方的炎热多雨、气候潮湿是密不可分的。人在楼上居住,可以避暑防潮,家畜养在楼下便于看管——呈“上以自处,下居鸡豚”式样。这种居住风俗曾经在我国江南地区广泛流行过,至今西南一些少数民族村寨中仍能见到,壮族、苗族、布朗族、傣族等少数民族盛行干栏式建筑。这种建筑形式的历史颇为悠久,距今七千年左右的浙江余姚河姆渡遗址中的木构建筑是目前发现的最早的干栏式建筑。从考古发掘来看,那时的先人们已经采用干栏式结构,并且有了完整的梁、柱、板等建筑构件,采用榫、卯结构来代替梁柱的绑扎和木板的拼结。《太平寰宇记》一百六十一卷载:“俗多构木为巢,以避瘴气。”因此这种民

居形式又有“巢居”之称。《韩非子·五蠹》中也有“上古之世，人民少而禽兽众，人民不胜禽兽虫蛇。有圣人作，构木为巢，以避群害”的记载。中国南方普遍高温、多雨、潮湿，这种干栏式建筑通风、干爽、凉快；同时设畜禽圈于楼下，既可御毒蛇猛兽侵害，又可防盗。所以南方少数民族的先人们在长期的生存竞争中逐渐发明出这种干栏式建筑，以抵御蛇虫猛兽之害，和自然抗争。

干栏式民居

“干栏”用壮语来解释：“干”是“上面”的意思，“栏”是“房屋”的意思，“干栏”连起来就是“上面的房子”。干栏多为三开间或五开间，竖木架梁，下面悬空，取茅草或灰瓦盖顶，分上、中、下三层。底层敞开，间架宽阔，用来堆放农具、石磨，围设牛栏、猪圈、鸡鸭舍，还可堆放柴草等。中、上两层铺设木板，四周用竹木条交错编扎，再取山草拌和稀泥涂抹光滑作为墙壁(也有用木板围成墙的)。中层装有木梯,前面设有阳台,阳台也称望楼。望楼可晒衣服、粮食,也是纺线、织布、绣花、乘凉以及青年男女对歌的场所。望楼内就是堂屋,堂屋正中设神壁、神龛,供奉列祖列宗和“天地君亲师”牌位。比较有代表性的干栏式建筑有傣家竹楼和土家族吊脚楼。

傣家竹楼

古人说:“宁可食无肉,不可居无竹。”从这个意义上说,生活在云南西双版纳地区的傣族算得上是最幸福的人,因为他们吃的是“竹筒饭”,喝的是“竹筒酒”,住的是掩映在竹林中的一座座美丽别致的竹楼。

傣家竹楼

傣族人住竹楼已有一千四百多年的历史,竹楼是傣族人

民因地制宜创造的一种特殊形式的民居。顾名思义,竹楼以竹子为主要建筑材料。傣家竹楼的造型属干栏式建筑,它的房顶呈“人”字型。西双版纳地区属热带雨林气候,降雨量大,“人”字型房顶易于排水,不会造成积水的情况。

一般傣家竹楼为上下两层高脚楼房。高脚是为了防止地面的潮气,竹楼底层一般不住人,是饲养家禽的地方。上层为人们居住的地方,这一层是整个竹楼的中心,室内的布局很简单,一般分为堂屋和卧室两部分,堂屋设在楼梯进门的地方,比较开阔,在正中央铺着大的竹席,是招待来客商谈事宜的地方。在堂屋外部设有阳台和走廊,在阳台的走廊上放着傣家人最喜爱的打水工具竹筒、水罐等,这里也是傣家妇女做针线活的地方。堂屋内一般设有火塘,在火塘上架一个三角支架,用来放置锅、壶等炊具,是烧饭做菜的地方。从堂屋向里走便是用竹围子或木板隔出来的卧室,卧室地上也铺上竹席,这就是一家人休息的地方了。整个竹楼非常宽敞,空间很大,也少遮挡物,通风条件极好,非常适宜西双版纳潮湿多雨的气候条件。

傣族的竹楼,下层四面空旷,每天早晨当牛马出栏时,便将粪便清除,使阳光整日照射,让位于上层的人,不致被秽气熏蒸。傣家竹楼通风很好,冬暖夏凉。屋里的家具非常简单,竹制者最多,凡是桌、椅、床、箱、笼、筐,全都用竹制成。家家都有简单的被和帐,偶然也可见缅甸输入的毛毡、铅铁等器,农具和锅刀都仅有用着的一套,少见有多余者,陶制具也很普遍,水缸的形式花纹都具地方色彩。由于天气湿热,竹楼大都依山傍水。村外榕树蔽天,气根低垂;村内竹楼鳞次栉比,竹篱环绕,隐蔽在绿荫丛中。

傣族人忌讳外人骑马、赶牛、挑担和蓬乱着头发进寨子。外人进入傣家竹楼，要把鞋脱在门外，而且在屋内走路要轻；不能坐在火塘上方或跨过火塘，不能进入主人内室，不能坐门槛；不能移动火塘上的三脚架；也不能用脚踏火；忌讳在家里吹口哨、剪指甲；不准用衣服当枕头或坐枕头；晒衣服时，上衣要晒在高处，裤子和裙子要晒在低处；进佛寺要脱鞋，忌讳摸小和尚的头、佛像、戈矛、旗幡等佛家圣物。

关于傣族竹楼，有一段美丽的传说。相传在很远的古代，傣家有一位勇敢善良的青年叫帕雅桑目蒂，他很想给傣家人建一座房子，让他们不再栖息于野外。他几度试验，都失败了。有一天天下大雨，他见到一只卧在地上的狗，雨水很大，雨水顺着密密的狗毛向下流淌，他深受启发，建了一个坡形的窝棚。后来，玉帝变成凤凰飞来，不停向他展翅示意，让他把屋脊建成人字型，随后又以高脚独立的姿势向帕雅桑目蒂示意，让他把房屋建成上下两层的高脚房子。帕雅依照凤凰的旨意终于为傣家人建成了美丽的竹楼。

土家族吊脚楼

吊脚楼，又称“吊楼”，为苗族、壮族、布依族、侗族、水族、土家族等族传统民居，多见于渝东南、桂北、湘西、鄂西和黔东南等地区。吊脚楼多依山靠河就势而建，呈虎坐形，以“左青龙，右白虎，前朱雀，后玄武”为最佳屋场，后来讲究朝向，或坐西向东，或坐东向西。依山的吊脚楼，在平地上用木柱撑起，分上下两层，上层通风、干燥、防潮，是居室；下层是猪牛栏圈或用来堆放杂物的地方。吊脚楼上有绕楼的曲廊，曲廊还配

有栏杆。吊脚楼属于干栏式建筑,但与一般所指干栏有所不同。干栏应该全部都是悬空的,所以吊脚楼只能算半干栏式建筑。吊脚楼有很多好处,高悬地面既通风干燥,又能防毒蛇、野兽,楼板下还可放杂物,有鲜明的民族特色,具有较高的文化层次,被称为巴楚文化的“活化石”。下文以土家族吊脚楼为例进行阐述。

吊脚楼为土家族人居住生活的场所,正房有长三间、长五间、长七间之分。大、中户人家多为长五间或长七间,小户人家一般为长三间,其结构有三柱二瓜或五柱四瓜,土家族吊脚楼七柱六瓜。中间的一间叫“堂屋”,是祭祖先、迎宾客和办理婚丧事时用的。堂屋两边的左右间是“人住间”,各以中柱为界,分前后两小间,前小间做火房,有两眼或三眼灶,灶前安有火铺,火铺与灶之间是三尺见方的火坑,周围用三至五寸的青石板围着。火坑中间架“三脚”,做煮饭、炒菜时架鼎罐、锅子用。火坑上面一人高处,是从楼上吊下的木炕架,可用来烘腊肉和炕豆腐干等食物。后小间做卧室,卧室为了防潮都有地楼板,父母住大里头(左边),子女住小里头(右边)。兄弟分家,兄长住大里头,小弟住小里头,父母住堂屋神龛后面的“抢兜房”。不论大小房屋都有天楼,天楼分板楼、条楼两类。在卧房上面的是板楼,用木板铺的楼板,放各种物件和装粮食的柜子,也可安排卧房。在火房上面的是条楼,用竹条铺成有间隙的条楼,专放苞谷棒子、瓜类,由火房燃火产生的烟可通过间隙顺利排出。建吊脚木楼讲究亮脚(即柱子要直且长),屋顶上讲究飞檐走角。吊脚楼多为三层,楼下安放碓、磨,堆放柴草;中楼堆放粮食、农具等;上楼为姑娘楼,

土家族吊脚楼

是土家姑娘绣花、剪纸、绩麻、做鞋、读书写字的地方。中楼、上楼外有绕楼的木栏走廊，用来观景或晾晒衣物等，在收获季节，常将玉米棒子穿成长串，或将从地里扯来的黄豆、花生等捆绑扎把吊在走廊上晾晒。为了防止盗贼，房屋四周用石头、泥土砌成围墙。房屋周围大都种竹子、果树和风景树。但是，前不栽桑，后不种桃，因与“丧”“逃”谐音，不吉利。

传说土家人祖先因家乡遭了水灾才迁到鄂西来，那时鄂西古木参天、荆棘丛生、豺狼虎豹随处可见。土家人先搭起的“狗爪棚”常遭到猛兽袭击。人们为了安全就烧起树蔸子火，

里面埋起竹子节节，火光和爆竹声吓走了来袭击的野兽，但还是常常受到毒蛇、蜈蚣的威胁。后来一位土家老人想到了一个办法：他让小伙子们利用现成的大树做架子，捆上木材，再铺上野竹树条，在顶上搭架子盖上顶篷，修起了大大小小的空中住房，吃饭睡觉都在上面，从此再也不怕毒蛇猛兽的袭击了，这种建造“空中住房”的办法传到了更多人的耳中，他们都按照这个办法搭建起了“空中住房”。后来，这种“空中住房”就演变成了现今的吊脚楼。

窑洞式民居

据古建筑学家考证，四千多年前，我国西北黄土高原上的汉族就有“挖穴而居”的习俗，直到今天，窑洞式房屋还广泛分布在黄河中上游的各省、自治区。窑洞是黄土高原的产物，是陕北民居的象征。在这里，沉积了古老的黄土地深层文化，生生不息的陕北人民在此创造了独特的窑洞艺术。一位农民辛勤劳作一生，最基本的愿望就是修建几孔窑洞，有了窑、娶了妻才算成了家、立了业。男人们在黄土地上刨挖，女人们则在土窑洞里操持家务，生儿育女，小小的窑洞浓缩了黄土地的别样风情。陕北民间剪纸艺术就是农家妇女为了美化自己的窑洞而创造出来的。

窑洞从制窑材料上可分为土窑、砖窑和石窑三种类型。土窑最为原始，已有几千年的历史了。整个窑洞的墙壁、房顶全是土。它是根据地势在自然垂直的断崖上，或在陡坡上先由人工削一段崖壁，再掏挖而成，内呈拱形，有门洞、过道、住房等。砖窑则一般先用泥土烧制成砖，然后在松软的黄土地上砌制成窑洞。窑洞前部砌砖的叫砖窑,砌石头的叫石窑。旧时贫寒之家多住土窑,砖窑、石窑只有富贵人家才建造得起。

窑洞式民居

土窑洞,一般深七至八米,高三米多,宽三米左右,最深的可达二十米。窗户有两种:一种是一平方米左右的小方窗;另一种是三至四平方米的圆窗,其特点是冬暖夏凉。石窑洞用石头做建筑材料,深七至九米,宽、高皆为三米左右。砖窑洞的式样、建筑方法和石窑洞一样,外表美观。一院窑洞一般修三孔或五孔,中窑为正窑,有的分前后窑,有的一进三开。

窑洞从形式上可分为“靠崖窑洞”和“天井窑洞”。靠崖窑洞分为单窑、套窑和天窑三种形式。单窑是一门一窑;套窑是一个窑门内两侧再各打数窑,居中为正窑,两侧为套窑;如果窑顶土层较厚,还可以在窑上再挖窑,俗称“天窑”或“悬窑”。天井窑洞是一种特殊的窑洞形式。挖地为院,筑成人工崖面,再在院子的崖面上开挖窑洞。天井院的窑洞宽大约为三米,往里的进深大约为七至八米,四周见方,然后在坑的四壁下部凿挖窑洞,形成天井式四方宅院,另从窑洞一角凿出一条斜坡甬道通向地面,为住户进出之阶梯式通道。院内一般都种有

高大树木，窑洞顶部四周筑有带水檐道的砖墙。宅院内有做粮仓用的窑洞，顶部开有小孔，直通地面打谷场，收获时可直接将谷场的粮食灌入窑内粮仓。宅院内还有单独窑洞，可做鸡舍牛棚。天井窑洞还有二进、三进院等多院组合，进入村内，只听人语响，不见村舍房。

天井窑洞与一般靠崖壁的窑洞相比，挖掘的工程量要大得多，结构也复杂得多。然而，天井院防风、安全，更能发挥窑洞冬暖夏凉、保温隔热的优点。所以，即使费力费时，人们也习惯这样挖凿。挖凿天井院，一般都是选在黄土岭上较为平坦的地方。从平地向下挖六七米，院子呈方形，长和宽都是六米或七米。在院子的四壁打洞凿窑，每个院子可凿六孔或七孔窑洞。因为天井院都是背阴向阳，所以窑洞的位置都在北、东、西的崖壁上。讲究的人家，天井院分为前后两进院，像"日"字一样，中间留一溜土岭不挖，土岭把院子隔成两处，土岭下部由一孔过道窑连接两院的交通。这种"日"字形的天井院比单纯方形的天井院还优越，人们在过道窑的一端装上木门，插上顶门杠，再加上靠近地面的院子还有一道大门，有两道大门防护，其安全系数就大得多了。

居民们把天井院中的拱形窑顶用砖填平，或用黄胶泥将洞壁抹光，这种特殊的装修方式，使窑洞显得大方美观，比起天然的洞穴就阔气多了。人们还在窑壁上凿上许多大大小小的洞孔，有人叫它为"窑龛"。这些地方，通常是放置日常用品的，像油盐酱醋、锅碗瓢盆，都有它们各自的位置。有的人家床铺和厨房都在一孔窑洞里，有的人家只在窑洞里居住，另外在天井院里盖一间小房子做厨房。

居民在挖掘天井院时，把院内的窑脸设计成许多华丽的图案,或用砖或用泥塑出他们的理想样式。在利用自然条件方面,他们充分表现了自己的聪明才智。有些山区缺少水源,农民就在天井院内挖出一个口小肚大的瓮形水窖,窖壁用黄胶泥涂抹,不容易渗水。下雨的时候,人们把窖盖掀开,雨水顺着地势流进窖里。雨水经过沉淀,人们就可饮用和洗涮了。在院子的一角,还挖有排水的渗坑,多余的雨水和废水可通过渗坑渗入地下。天井院崖顶四周,农民都习惯筑上土墙或砖墙,以防止洪水泄入院内,也防止孩子们在平地上玩耍的时候不慎掉进院子。

天井院内,植有许多树木,有槐树、榆树、苹果树、枣树等。站在天井院内,没有一点深居地下的感觉,周围的窑洞和院内的设施像在平地上一样真实自然。走在天井院集中的村子里,常常听见鸡犬之声,却不见人影和屋影。只有走近院边,居高临下,才发现脚下还有这样别致的院落。

开挖窑洞时,一般会开出一块平地做院子,前边的院子也用墙围起来,院子里往往设一架碾盘,用来碾压谷物、粗盐,加工米面等。窑洞内一侧有锅和灶台,而炕的一头连着灶台,由于灶火的烟道通过炕底,冬天炕上很暖和。炕周围的三面墙上一般贴着一些绘有图案的纸或拼贴的画,陕北人将其称为炕围子。这种炕围子是一种实用性的装饰,既可以避免炕上的被褥与粗糙的墙壁直接接触,还可以保持清洁。为了美化居室,不少人家还在炕围子上作画,这就是陕北具有悠久历史的民间艺术——炕围画。

碉楼式民居

碉楼式民居是一种风格比较特殊的建筑，住户多少不等，共同的特点是强调居住建筑在特定社会情况下所具有的防卫功能。具备这一特征的民居有闽南、客家的汉族“围楼”、藏族和羌族的“碉楼”。围楼主要分布在福建、广东及江西部分地区；碉楼主要流行于藏族、羌族等聚居地区。

客家土楼

“土楼”又叫“围屋”“围楼”“土围楼”，是广东、福建等地客家人的住宅。土楼居民聚族而群居的特点和它的建造特色都与客家人的历史密切相关。客家人原是中原一带的汉民，因战乱、饥荒等各种原因被迫南迁。自南宋始历经千年，辗转万里，在闽粤赣三省边区形成客家民系。在他们被迫离乡背井的过程中，经历了千辛万苦。不论是长途跋涉的流离失所，还是新到一处人生地不熟的居地，许多困难都得依靠自己人团结互助、同心协力去解决，共渡难关。因此，他们每到一处，本姓本家人总要聚居在一起，这样也就形成了客家民居独特的建筑形式——土楼。由于客家人大多居住在偏僻的山区或深山密林之中，当时不但建筑材料匮乏，豺狼虎豹、盗贼猖獗，加上惧怕当地人的袭扰，客家人便营造“抵御性”的城堡式建筑住宅——土楼。

客家土楼满足了封建大家族的族长对族人控制和管理的需要，便于维护内部团结和互相帮助。土楼有圆型、方型、府第型和综合型四种，其共同特点是规模宏大，设施齐全。它们如同“地下长出的蘑菇”或“天上掉下的飞碟”。

方形土楼是指那些主楼呈方形的土围楼。方围楼以四合院为主体，特点是前后堂多与两横屋等高，并连成四合一体。土楼外墙用泥土构筑而成，内墙多用木结构。方围楼一般都在三层以上，一层大多是厨房、饭厅，二层为储藏室，三层以上作为卧室。楼内有通廊式的走马廊，在方围楼的天井中，常常建有一层楼的中堂屋作为厅堂。楼内还有水井、米碓、谷砻、浴室，楼外设有厕所等生活必需设施，有的方围楼还建有戏台、祠堂、私塾等建筑。

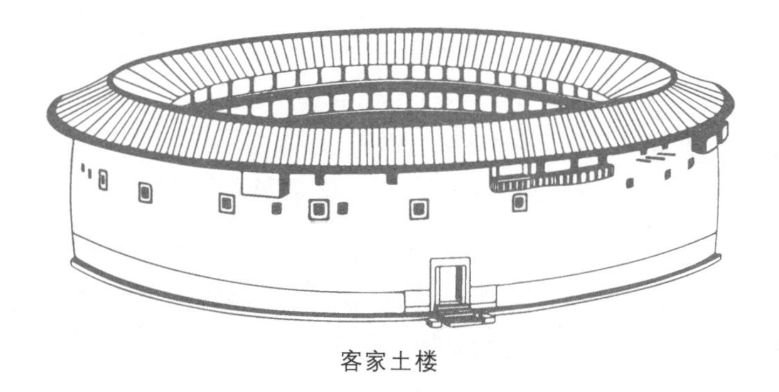

客家土楼

圆楼是土楼群中最具特色的建筑，它一般以一个圆心出发，依不同的半径，一层层向外展开，如同湖中的水波，环环相套，非常壮观。其最中心处为家族祠院，向外依次为祖堂、围廊，最外一环住人。整个土楼房间大小一致，面积十平方米左

右，使用共同的楼梯，各家几乎无私密可言。

土楼结构有许多种类型，其中一种是内部有上、中、下三堂沿中心轴线纵深排列的三堂制，在这样的土楼内，一般下堂为出入口，放在最前边；中堂居于中心，是家族聚会、迎宾待客的地方；上堂居于最里边，是供奉祖先牌位的地方。除了结构上的独特外，土楼内部窗台、门廊、檐角等，也极尽华丽精巧，实为中国民居建筑中的奇葩。

土楼的设计者为了强化全族人的家族观念，在土楼的建筑布局上突出家族的象征——宗祠，把宗祠建造在土楼的中心位置。宗祠又称为“家庙”，是整个家族祭祀、供奉祖先的地方。逢年过节，全族人带来供品，祭拜祖先。此外，男子娶妻，女子出嫁，老人辞世……无论是全族的大事还是每个小家庭的大事，都要在宗祠内举办。也正是这种强烈的宗族观念，才把全族几十户人家、几百口人凝聚在一起，世世代代、和和睦睦地住在一起。

羌族碉楼

羌语称碉楼为“邓笼”。早在两千年前《后汉书·西南夷传》中就有羌族人“依山居止，垒石为屋，高者至十余丈”的记载。自唐朝来，羌族人民因各种原因向西北迁移，到了西藏和青海，所以现在的羌族碉楼也被称为藏族碉楼。

碉楼是羌族的主要民居形式，主要用石头建造。碉楼民居的出现与从前的社会结构和社会矛盾有密切关系。由于旧时氏族之间经常发生械斗，因此，山寨地址大多选在地势险要、易守难攻的地方。出于防卫功能的考虑，底层大多只开一个门以供进出。房门都朝向南方或北方，忌讳朝东开门，因羌族信仰大门不朝东开是为了避免与太阳相斗，而朝南朝北可以求得大吉大利。碉楼四周的墙体上都不开设窗户，只在接近楼层之处开几个气孔。气孔内低外高，向上倾斜，内小外大，略可透光。碉楼主室、卧室和储藏室等房间的门口，也要避免正对着大门口，因为羌族人认为，专门作祟的鬼只会走直路，不会拐弯。

碉楼式民居

碉楼有四角、六角、八角等形式。有的高达十三四层。建筑材料是石片和黄泥土。石墙内侧与地面垂直，外侧由下而上向内稍倾斜。碉楼呈方形，多数为三层，每层高三米余。最上层一般为经堂，供奉佛像；中间一层住人；底层圈养牲畜及堆放杂物。这种神、人、畜分层而居的格局，反映了藏族人的宗教观念。楼层之间设有木梯供人上下，屋顶要插上经幡，屋

旁一般还要设置转经筒。有些碉楼的柱头和房梁绘有藏族风格的装饰图案，显得格外精美。房顶平台的最下面是木板或石板，伸出墙外成屋檐。木板或石板上密覆树丫或竹枝，再压盖黄土和鸡粪夯实，有洞槽引水，不漏雨雪，冬暖夏凉。房顶平台是脱粒、晒粮、做针线活及孩子、老人游戏休歇的场地。有些楼间修有过街楼（骑楼），以便往来。

碉楼根据不同的位置，有不同的功用，共分为家碉、寨碉、阻击碉、烽火碉四种。家碉在羌峰寨最为普遍，多修在住宅的房前屋后并与住房紧密相连，一旦战事爆发，即可发挥堡垒的作用。古时，羌峰寨还有这样一种约定俗成的习惯，谁家若生了男孩就必须建一座家碉，同时要埋一块铁在家碉的地基下，男孩每长一岁，就要增修一层碉楼，还要把埋藏的那块铁拿出来锻打一番。直到孩子长到十八岁，碉楼才封顶。在为孩子举行成人礼仪式时，将那块锻打了十八年的铁制成锋利的钢刀送给他。在当时，如果谁家没有家碉，那儿子连媳妇都娶不到。可见羌族的建碉风气早已深入人心。寨碉通常是一寨之主的指挥碉（也常做祭拜祖先之用）。阻击碉一般建在寨子的要隘处，起到“一碉当关，万夫莫开”的作用。烽火碉多在高处，是寨与寨之间传递信号用的，同时也能用于作战，每座碉楼居高临下，远可射，近可砸，敌在明，我在暗，以守代攻，游刃有余。

羌峰寨建设碉楼的主要建筑材料有石、泥、木、麻等。人们将麦秸秆、青稞秆和麻秆用刀剁成寸长，按比例与黄泥搅拌成糊状，便可层层错缝粘砌选好的石料。它那金字塔式的造型结构决定了它稳如泰山般的坚固，加上精湛的工艺，坚固耐腐的材料，素有“百年碉不倒”之说。即使在冷兵器的年代里，用火炮轰也难以伤它筋骨。一般建一座军事碉楼至少耗时两到三年。

帐篷式民居

帐篷式民居一般是游牧民族所居住，主要有赫哲、鄂伦春、鄂温克等民族的仙人柱，蒙古族的蒙古包，哈萨克族的毡房，藏族的帐房等。

帐篷式民居

哈萨克族、柯尔克孜族的毡房是帐篷的一种演变形式，由木栅、撑杆、顶圈、篷毡、顶毡、门框、围带等组成。毡房在外形上呈圆弧形，这是哈萨克毡房在外观上与蒙古包的明显区别之一。

藏族、裕固族的帐房比较简易，一面用篷布固定，一面敞开，这种帐篷与蒙古包、哈萨克毡房相比起来，无论从外观、构造、材料等方面，还是从居室内部的空间安排、居住习俗等方

面来讲，都相差很大。

赫哲、鄂伦春、鄂温克族的仙人柱也是一种典型的帐篷式民居。仙人柱也叫“歇人柱”，是先支起两根主杆，接着用六根一头带叉的木杆搭在主杆上，相互“咬合”成约30度的圆锥体架子，并在顶端套一个柳条圈，在围绕柳条圈的周边再搭上二十几根木杆，上面盖上狍皮、芦苇帘、桦树皮等，最后用绳子捆牢。

帐篷式民居最为典型的是蒙古包。蒙古包是蒙古族等游牧民族的传统住房，古称“穹庐”，又称“毡帐、帐幕、毡包”等。距今两千余年前，匈奴人的房屋叫穹庐或毡帐。据《史记·匈奴列传》记载，早在尧舜禹、(夏)商周的时候，匈奴人的先祖就居住“北地”，穿皮革、披毡裘、住穹庐(毡帐)。经过几千年，穹庐历经匈奴以后的回鹘、柔然、突厥、鲜卑、契丹等多个民族传承、改造，不断适应它所处的自然环境、生产力发展水平以及社会价值选择，表现出其强大的生命力，其自身也逐步得到完善，更趋实用、舒适和美观。南北朝民歌《敕勒歌》有“天似穹庐，笼盖四野。天苍苍，野茫茫，风吹草低见牛羊”的诗句。其中的“穹庐”即蒙古包，蒙古语称之为“格尔斯”，满语为“蒙古包”或“蒙古博”。《史记》《汉书》等典籍称之为“毡帐”和“穹庐”。元代时，意大利旅行家马可·波罗在游记中曾盛赞忽必烈远征及狩猎时所居毡帐的宏伟景象。

蒙古包主要由架木、毡布和绳子三大部分组成，其制作不用水泥、土坯、砖瓦，原料非木即毛，可谓建筑史上的奇观。蒙古包呈圆形，四周侧壁分成数块，每块高130至160厘米、长230厘米左右，用条木编成网状，几块连接，围成圆形，锥形圆顶与侧壁连接。帐顶及四壁用毛毡覆盖或围住，然后用绳索固定，可避风雪，能御严寒。在蒙古包西南壁上留一木框，用以安装门板；帐顶留一圆形天窗，以便采光、通风，排放炊烟。蒙古包一般一梁二柱，八木外撑。帐外的立杆上高高悬挂着经幡，门前钉着许多排拴牛的牦牛绳。

蒙古包

蒙古包的大小，主要根据主人的经济状况和地位而定。普通小包只有四扇“哈那”，适于游牧，通称四合包。大包可达十二扇“哈那”，包顶用七尺左右的木棍，绑在包的顶部交叉架上，成为伞形支架；包顶和侧壁都覆以羊毛毡；包顶有天窗。包门向南或东南，既可避开西伯利亚的强冷空气，也沿袭着以日出方向为吉祥的古老传统。而帐内的中央部位，安放着高约二尺的火炉。火炉的东侧放着堆放炊具的碗橱，火炉上方的帐顶开有一个天窗。火炉西边铺着地毡，地毡上摆放矮腿的雕花木桌。包门的两侧悬挂着牧人的马鞭、弓箭、猎枪以及

嚼臂之类的用具，里柱供悬挂敬神、诵经之物。帐内的西侧摆放着红漆彩绘木柜，木柜的北角上敬放着佛龛和佛像，佛像前供放着香炉及祭品。两个立柱之间的中心处专门用于垒灶，灶也是男女分界线，左侧为男，是客厅和男性居处；右侧为女，是操持家务的厨房和女性的居处。

蒙古包的空间分三个圆圈，东西的摆布分八个座次。不仅八方都有安放东西的地方，正中还有安排香火（灶火）的地方，因此也可以说有九个座次。但是南面有门，不能放东西，如果不算座次的话，还是八个座次。从正北开始，西北、西、西南方都放男人用的东西，东北、东、东南半边都放女人用的东西。这种安排，与蒙古人男左女右的座次直接有关系，也与男女分工不同有关。蒙古包内右侧为家中长者的座位和睡觉的地方，左侧为一般家庭成员的座位和睡觉的地方。蒙古包正中央有用来做饭和取暖的火炉，升火时，烟可从蒙古包顶部的天窗排出。蒙古族有一个生活禁忌，那就是烤火时不能用棍子在火盆内乱拨乱打，更不能在火上烤裤、鞋、袜等，因为这样做是对火神的不敬。

随着蒙古族游牧习俗向定点放牧或舍饲半舍饲转变，蒙古族人民几乎完全定居在砖瓦房或楼房里。现在只有在部分旅游区才能见到传统意义上的蒙古包了。

四 居住与环境

人类居住环境的演变史是一部人类利用自然、开发自然和协调自然的历史。民居建筑是人类社会长期发展的产物和劳动人民智慧的结晶，是人类历史最好的体现之一。我国历史悠远，疆域辽阔，各地自然环境和人文环境不尽相同，每一处民居建筑都是劳动人民发挥主观能动性，利用自然、开发自然和协调自然的生动体现。这些民居充分体现了我国人民崇尚自然、人地和谐的居住理念和营造宜居环境的美好愿望。

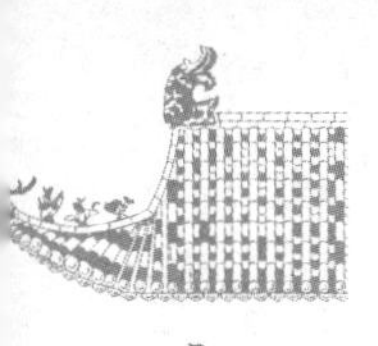

利用自然

我国位于世界上面积最大、地理条件最复杂的亚欧大陆的东部，东南濒临太平洋，西北、西南深居亚欧大陆的中心，这样的地理条件造就了我国复杂多变的地理环境。就地形而言，有纵横交错的山脉，也有壮阔的高原；有巨大的盆地，也有极目千里的大平原。气候方面的总体特征是气候类型复杂多变，季风气候显著。不同的地形、地貌、气候等条件构成的区域，所呈现出来的植被、土壤、水文等自然地理环境更是包罗万象。而这些自然条件对中国民居建筑的影响是深远且至关重要的。比如在南方地区要隔热防潮，在东北地区要防寒保暖，西北地区要防沙防风等。自然条件和人们的需求共同决定了每个地区的民居在材料选择、外在构造、内在设计和建造技术等方面都不尽相同。

在自然条件不同的地区，受早期制作技艺及生产能力的限制，智慧的先民们因境而生、因境而设，创造性地建造了各种不同风格的建筑物。黄河中游一带，由于肥沃的黄土层既厚且松，能用简陋的工具从事耕作，因而在新石器时代后期，人们在这里定居下来，发展农业，这里成为中国古代文明的摇篮。当时这一带的气候比现在温暖、湿润，生长着茂密的森林，木材就逐渐成为中国建筑一直以来所采用的主要材料。为了抵御严寒，北方的房屋朝向采取南向，以便冬季阳光射入室内，并使用火炕与较厚的外墙和屋顶，建筑外观厚重庄严。在温暖潮湿的南方，房屋多采取南向或东南向，以迎纳夏季凉爽的海风，或在房屋下部用架空的干栏式构造，流通空气，减少潮湿；建筑材料除木、砖、石外，还利用竹与芦苇；墙壁薄、窗户多，建筑风格轻盈疏透，与前述北方建筑恰成鲜明的对比。此外，在石料丰富的山区，多用石块、石条和石板建造房屋；森林地区则往往使用井干式壁体。为了防止野兽侵袭，也有使用干栏式构造的。

《黄帝宅经》中风水堪舆理论则认为，天道自然"作天地之祖，为孕育之尊，顺之则亨，逆之则否"，不以人的主观意志为转移，也就是说自然环境虽然是作为物质而存在的，但我们不能随意改变，万物皆有法可循（于奇《自然环境视域下中国传统景观特征研究》）。我们的祖先深谙此道，顺应自然，合理地利用自然，因地制宜，因材致用。这里的因地制宜亦指相地因借。所谓"因借"，"'因'者：随基势之高下，体型之端正，碍木删桠，泉流石注，互相借资；宜亭斯亭，宜榭斯榭，不妨偏径，顿置婉转，斯谓'精而合宜'者也"。这是明代造园家计成在《园冶》中提出的重要造园原则，亦同样适用于指导房屋建造，即顺应所在地形、地势、地貌来设计房屋的构造。因材致用是指不同地区的材料有不同的特性，巧妙地运用这些材料的特性来实现房屋与自然环境之间的平衡。合理地利用自然，与自然和谐相处，才能长久地保证人民的安居乐业和兴旺发达。

因境而生、因境而设

地形地貌对民居建筑形态影响深远，它决定着建筑与地面的连接方式、建筑的整体构造与布局、材料的选择和立面形式等。早期的民居建筑很大程度上受制于当时的建筑技艺及生产能力。事实上，中国的传统民居根植于大地。如果按照民居建筑与地面的结合方式来划分，按照民居建筑底面与不同地形的相互关系，可以把传统民居建筑划分为地面式、地下式、架空式、临水式四大类（陆元鼎《中国民居建筑》（上卷））。

地面式民居建筑广泛分布于我国各地，表现形态各异。不同地形、地貌上的房屋建筑，都是匠师们因地制宜、运用灵活多样的手法争取空间和效益最大化的体现。巴蜀地区以四川盆地为中心，该区自然条件自成一体，“蜀道难，难于上青天”，万千的大山和复杂的地形，让这里与外界难以沟通。在这样的情况下，当地的民居也自成一格，有别于其他地区。这里地形支离破碎，用地条件复杂，难以找出平整而且水源等条件良好的地方。这里的人们利用原有的地形地势和山体结构，通过自己的智慧和双手对现状进行合理的改变。因此，当地人们巧妙地应用“台、挑、吊、拖、坡”的处理手法，即对地势有局部高低变化的则提高或填筑；对地势较陡的山地则依山就势或相互错层；对阶状地形则采取掉层等方式进行改造，实现“占天不占地”，利用自然创造出多姿多彩、别具一格的民居建筑。顺应自然，而又不盲从自然；利用自然，而又不改变自然，是“人地和谐”的充分体现。远远望去，充满灵气的山谷中，翡翠般的青草绿树之间，是那沉甸甸的田地和隐在密林深处的寨房，寨房星星点点，既相助守望，又密切联系。几百幢民居散点般依山就势，错落有致地融于自然环境中。伴着时有时无的潺潺溪流，一幅富有动感的绝妙山寨画卷随之展现，这既是大自然的造化，更是人类对大自然的深刻解读和合理利用。

地下式民居始于人工穴居、半穴居时期，历史悠久。所谓穴居，是指在地下挖洞，以洞为居。我国的黄土高原地区，气候干燥，林木缺乏，地表支离破碎，土层深厚，直立性强，含水少，在多年的雨水冲刷下，形成冲沟、断崖，有利于窑洞的开掘。黄土高原虽历经千年沧桑、千沟万壑，但也阻止不了人民对这片黄土地的热爱。千百年来，炎黄子孙在这片黄土地上耕种繁衍，生生世世。

黄土窑洞，是这里的人民愿意在这生根立命、成家立业的最好体现，也是历代劳动人民在长期生活实践中，认识、利用、

黄土窑洞

改造黄土的智慧结晶，是适应黄土高原地质、地貌、气候的产物。窑洞一般是建在黄土高原的地下或沿山地带，在天然或人工的土崖上掏挖横向洞穴而成的住居。它有着利用地形、顺乎自然、冬暖夏凉、就地取材、便于施工、节省材料、不破坏生态、不占用良田、经济省钱等显著特点，深受当地人民的喜爱。根据地形、地貌的不同，当地人创造了各式各样的窑洞布局结构，形式纷繁复杂，千姿百态，有靠崖式窑洞、下沉式窑洞、独立式窑洞等，其中靠崖式窑洞和独立式窑洞还有不同的形式和分类。

架空式民居的特点是建筑下部架空，房屋地面凌驾于建筑之上从而人为地创造出新的水平基面，有效地避免了地形高差的影响，以获取更开阔的使用空间，而且架空式建筑还有利于通风、防潮、排水。因此，架空式建筑的多重功效让其在地形复杂多变、气候温润潮湿的南方地区应运而生。根据地形和气候的不同，架空式建筑有吊脚、悬挑和干栏三种。

《旧唐书》记载："土气多瘴疠，山有毒草及沙虱蝮蛇，人并楼居，登梯而上，是为干栏。"当时的干栏建造水平还是比较低下的，即用深山老林中的树叶和藤条在大树腰上扎结为屋，上可以利用树叶遮风避雨，下可以脱离地面，以躲避野兽侵袭。由于这种"房屋"悬在半空中，下面没有任何支撑，故名"湘西吊脚楼"。后来，封建王朝实行羁縻州郡制和土司制度，土家上层人士有机会与汉族人士接触，吸收了部分汉文化，其居住条件也有所改善。湘西吊脚楼依山而建，用当地盛产的杉木，搭建成两层楼的木构架，柱子因坡就势、长短不一地架立在坡上。房屋的下层不设隔墙，里面作为猪、牛等家畜的棚或者堆放农具和杂物;上层住人,分客堂和卧室,四周向外伸出挑廊,可供主人在廊里做活和休息。廊柱大多不是落地的(便于廊下面的通行无碍),起支撑作用的主要是楼板层挑出的若干横梁,廊柱辅助支撑,使挑廊稳固地悬吊在半空。这样的民居构造有显著的优点,人住楼上通风防潮,又可防止野兽和毒蛇的侵害。

临水式民居多建在我国江南地区,水乡村落最典型的是在江浙一带。这里水路交通纵横交织,池塘湖泊星罗棋布,人们认识到天然的有利条件,开凿运河渠漕,把这些水面连接起来,水网纵横。城镇多沿河而建,建筑小巧轻盈,尺度宜人,给人亲切和谐之感。弯曲自由的小河、质朴自然的小桥、临水而建的民居和灵动轻巧的小舟,正是中国传统山水画里“小桥、流水、人家”的美好画面。最让人难以忘怀的是乌镇,虽经历经千年的沧桑,但仍保留着原有的水乡古镇的风貌和格局。“全镇以河成街,街桥相连,依河筑屋,深宅大院,重脊高檐,河埠廊坊,过街骑楼,穿竹石栏,临河水阁,古色古香,水镇一体,呈现一派古朴、明洁的幽静”(于奇《自然环境视域下中国传统景观特征研究》)。乌镇因河而生,乌镇居民巧妙地开拓水道、利用水道使其成为了诗情画意的水乡,也让人由衷敬佩古代先民能够因时因地地巧妙运用所在的自然环境,使建筑与周围环境和谐相融,宛若一幅水墨画。

因材致用、尽善尽美

每一个地段的生态和景观都有其存在的原因与合理性。“生于斯,长于斯”,不仅是对一个地段的自然物而言,更是人

们适应环境的写照。民居建筑能动地利用天然地形地势和自然材料元素，与自然共存，是人们生存的智慧。《庄子·知北游》载："天地有大美而不言，四时有明法而不议，万物有成理而不说。"意思是指自然之美非人力所及，四时万物有明法、成理，反对人为刻意地扭曲和改造。利用自然素材，就地取材，让民居建筑无论是在生态上还是空间上，都朴素而巧妙地融合在原生的自然环境之中。

海草房是山东胶东地区的特色民居建筑，当你走进山东的渔村，就可以看到这些以原始石块或砖石块混合为墙，质感蓬松、绷着渔网的海草为顶，外观古朴厚拙，极具地方特色，宛如童话世界中草屋的民居建筑景观。海草房可以说是世界上最具有代表性的生态民居之一，主要分布在我国胶东半岛的威海、烟台、青岛等沿海地带，特别是荣成地区。荣成地区地处沿海，夏季多雨潮湿，冬季多雪寒冷，在这种特殊的地理位置和气候条件之下，民居建筑主要解决的问题是冬天保暖避寒、夏天避雨防晒。于是，极具聪明才智的居民根据长期生活中积累起来的独特的建筑经验，以厚石砌墙，用海草晒干后作为材料苫盖屋顶，建造出海草房。用于建造海草房的"海草"不是一般的海草，而是生长在五至十米浅海的大叶海苔等野生藻类。海草生鲜时，颜色翠绿，晒干后变为紫褐色，非常柔韧，当年荣成等地生长着许多这样的海草。海草本身也有好坏之分，根据当地居民的经验，老的海草要比嫩的耐用，而冬、春的海草要比夏天的结实。一年四季海草春荣秋枯，长到一定高度后，遇到大风大浪，海潮就会将其成团地卷向岸边。沿海的人们一般谁家要盖房子了，都会提前到海边收集海草。人们将这些海草打捞上来，晒干整理，等到盖房子时使用。由于生长在大海中的海草含有大量的卤和胶质，用它苫成厚厚的房顶，除了有防虫蛀、防霉烂、不易燃烧的特点外，还具有冬暖夏凉、居住舒适、百年不毁等优点，深受当地居民的喜爱。

海草房

在盛产石材的地区，多用石材作为建筑材料修建民居建筑。石材具有耐久性好、保温隔热、耐磨耐压、防潮防渗等优良特性。贵州高原的石板房，就是巧妙运用石材的体现。石板房是贵州山民独创的一种民居艺术，布依族同胞们把满山皆是、随处可见的石头，变成千姿百态的石瓦、石墙、石径、石板房。石板房以石条或石块砌墙，墙可高达五百六十厘米，多为两层，下层饲养牲畜猪、牛等，上层则供人居住。房顶以石板为盖，风雨不透，像是一块块极其普通的石板，被工匠们

随意地堆叠起来，石板与石板之间，没有泥土的胶着，没有钢筋的固定，看似随意而为，但合乎情理之中又不免让人敬佩。从层基到屋顶，里里外外，除了石板还是石板。铺地是石板，楼板是石板，水缸则是大块石板拼成的四方体，牲口槽也是由石块凿成的，厕所从下面的粪池到上面的蹲坑，墙壁和屋顶也都是石板，甚至家里的桌、凳、灶、钵都是石料打造的。一切都是那么的朴实无华，却又固若金汤，经久耐用。因此，在石板房遍布的安顺地区有这样一句顺口溜："石头的瓦盖，石头的房，石头的街面，石头的墙；石头的碾子，石头的磨，石头的锅灶，石头的缸。"这些石板没有经过打磨、上色，完全是一种自然的原生状态，虽是不修不整，但却独葆天姿，如此的本色、朴素，不带一丝脂粉气，却与大自然的风韵协调一致。

布依族石板房最有特点的地方就是它的屋面。大部分的建筑都是悬山顶式，屋面均为双坡排水。有些布依族村寨喜用裁切得比较工整的鳞状屋面板，每块石片的厚度为两厘米左右，高低叠压，层层相连，错落有致，宛若鱼鳞；也有的则是形状各不相同的天然石板，将这些不同形状的乱石铺得像瓦片一样，而又不至于叠得太厚，这正是布依族人民的智慧所在。石片在屋面形成自然的弧线，利于排水，而不用像瓦片屋顶那样留出排水沟。屋脊也不用脊瓦，而是将屋面一侧的石片伸出，压住另一侧石片，然后再在屋脊上像瓦一样砌上整齐的石片，形成一道屋脊。屋顶每个坡面的边缘都用较大的石板，中间部分用稍小一些的石板。这样既利于形成屋面曲线，又牢固结实，不易被风掀掉。有些屋面会把某些石块换成玻璃，这样就轻而易举地解决了石板房采光差的缺点了。这样的房屋冬暖夏凉，防潮防火，最智慧的还是其就地取材，融于自然的创举和情趣。

布依族石板房

云南西双版纳是傣族聚居地区，这里的地形高差变化大，北部为山地，东部为高原，西部却为平原。全区气候差别大，山地海拔达1700米，属温带气候；平原海拔为750至900米，属亚热带气候；而在河谷平原，海拔只有500米，已经属于热带气候了。傣族人民多居住在平坝地区，常年无雪，雨量充沛，年平均温度达21摄氏度，没有四季之分。因此，傣族人民就必须克服炎热潮湿、蛇虫野兽多的不利环境因素。而该地盛产竹材，所以当地人根据自然环境和条件，建造了竹楼这种干栏式

建筑。傣族竹楼就是当地居民就地取材、用竹子建造的房子，以前多用竹材，后来屋架、梁柱等就改为了木材。梁柱采用榫卯结构，很少使用五金铁件，屋架结构形式多样，屋顶为歇山式，脊短、坡陡，俗称“孔明帽”。据当地传说，三国时期诸葛亮（字孔明）到达傣族地区，傣家人向他请教怎么盖房子，诸葛亮就在地上插上几根筷子，脱下帽子往上一放说：“就照这个样子盖吧。”所以傣族竹楼就像一顶支撑着的帽子。围墙及隔墙均用竹子编成或木板拼接而成，有的竹墙利用竹子正面、背面质感与色泽的不同，编造出不同的花纹，提高房屋的观赏性。

竹楼的平面呈方形，底层架空，供饲养牲畜和堆放杂物，这样潮气不易上升到室内。四方的造型，利于通风，夏天凉爽，冬天暖和。楼上有堂屋和卧室，堂屋设火塘，是烧茶做饭和家人团聚的地方；外有开敞的前廊和晒台，前廊是白天主人工作、吃饭、休息和接待客人的地方，既明亮又通风；晒台是主人盥洗、晒衣、晾晒农作物和存放水罐的地方。这一廊一台是竹楼不可缺少的部分。这样的竹楼具有防潮、散热、通风、避虫兽侵袭、避洪水冲击等优点。因为这里每年雨量集中，常发洪水，楼下架空，墙又多为空隙的竹篾，所以很利于洪水的通过。傣家人喜欢在竹楼周围栽凤尾竹、芒果树、椰子树、香蕉树等，使村寨绿意盎然、充满诗情画意。傣家竹楼反映了浓郁的地方特色，是傣族同胞在长期劳动实践中的成果，是栩栩如生的现实生活写照，体现了民居建筑的根源性和归属感。它既反映了人与自然和谐相处的自然观，也体现了建筑是时间和空间相结合的产物，诠释了建筑的本质。

竹楼

开发自然

民居建筑是物化了的自然，同时又是人化了的物，其外在表现和内在构造体现着当时当地的生产力水平和人们对自然社会及人类社会的领悟。中国传统社会为农业社会，人们过着“日出而作，日落而息”的小农生活，这种一家一户单独经营的生产方式实际上没有能力对大自然做出较大的改变。这样的生活虽恬静、安详，但“天有不测风云，人有旦夕祸福”，面对突如其来的天灾人祸，人们只有依靠群体的力量才能抗争。群体，则意味着村落、乡镇的出现，而这必然伴随着对自然环境的改造与开发。

“非于大山之下，必于广川之上，高毋近旱而水用足，下毋

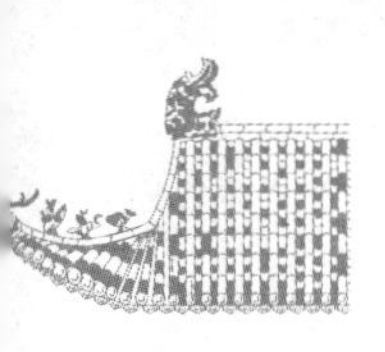

近水而沟防省”(《管子·乘马篇》)。这是管子的城建思想,有着普遍的指导意义。或涝、或旱、或交通不便,对于城镇、村落等人居环境的发展都是有害无利的,所以管仲提醒大家,在房屋建造、村落和城镇开发时要选择“大山之下,广川之上”的地方去营建,否则,将不利于人们的生产和生活。但是,很多情况下不是人们不想选择“大山之下,广川之上”,而是自然地理环境的制约,导致人们没有更多的选择。在建造民居、开发村落和城镇时人们必定会考虑地形、地势、水源、植被、气候等重要自然因素,但这些因素往往不会同时满足,而是会缺少其中的某一两个。而这时,人们就只能择优选择,然后对自然进行一定开发与改造,以实现其他因素的满足。对自然进行开发与改造,绝不是以破坏自然为代价的,这也不符合我国人民在建筑营造时顺应自然、尊崇自然的理念。开发自然,是指在现有条件的制约下,巧妙运用各自然要素之间相互依存的关系来实现各种要素组合的协调,或是充分发挥主观能动性,合理地对自然进行开发,以满足人的需求。

在合理开发的情况下,形成风格迥异的空间布局,这就是村庄肌理。村庄肌理是架构在丰富的自然生态、历史文化与社会经济互动关系之上的乡村聚居格局,蕴含着丰富的社会、历史、地理文化价值。按照肌理的不同,一般可分为组团式、条纹式、图案式、街巷式和散点式。

组团式村落

组团式村庄或村镇大多受地形地势或宗法制度的影响。受地形地势的影响,是由于地势变化较大,河、湖、塘的水系穿插其中，村落和村庄受到河网及地形高差的分割，形成两个以上彼此相对独立的组团；有的是受宗法制度影响，以血缘关系聚居，形成以宗祠或支祠为中心的布局，是渴望家族繁荣昌盛的体现，更是共同抵御外敌、保卫家园的需要。组团式布局虽相互独立，但其间由道路、水系、植被等连接，各组团既相对独立又密切联系。

土楼，是客家人民居建筑的典型代表，也是客家人凝固的历史。日本学者在考察客家土楼村后认为："客家、风水、夯土是客家村落形成的三大关键要素。"这一说法不无道理。首先"客家"，指的是客家人的历史和客家人营造土楼的必要性，其中运用了客家人的智慧和他们从中原带来的生土夯筑技术和木构架建筑技术；其次是"风水"，"土楼安其居，风水助其祥"，客家人风尘仆仆从中原迁居于荒无人烟的南方山区，生存条

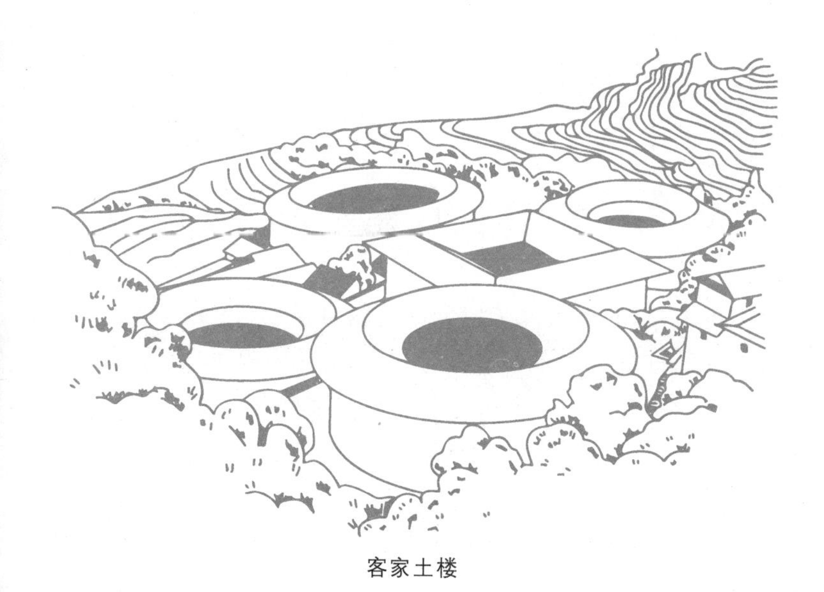

客家土楼

件和安全是第一要素，首先是要选定屋址。屋址多选择在河流发源地的中上游，山水条件良好。负阴抱阳、背山面水是古代人理想的建筑选址。客家村落的选址恪守这一理念，村落群山环绕，积水成河，山抱水，水环山，重峦叠嶂，高低错落。地势高爽，有利于污水排放，植被的水土保持和避免旱涝灾害；背山可抵挡北来的寒流，向阳可以吸收良好的日照，使整个村落冬暖夏凉，藏风聚气。最后是"夯土"，客家人在夯筑时，先在墙基挖出又深又大的墙沟，夯实后，埋入大石为基，再用石块和灰浆砌筑起墙基，接着就用夹墙板夯筑墙壁。土墙的原料以当地黏质红土为主，掺入适量的小石子和石灰，经过反复捣碎，拌匀，做成俗称的"熟土"，一些关键部位还要掺入适量糯米饭、红糖，以增加其黏性。夯筑时，要往土墙中间埋入杉木枝条或竹片为"墙骨"，以增加其拉力。正是如此，经过反复夯筑，便筑起了媲美钢筋混凝土的土墙，再加上外面抹了一层防风雨剥蚀的石灰，因而坚固异常，具有良好的防风、抗震能力和突出的防御性，坚固的大楼是客家人安全的重要保障。

客家人通过开发自然，对自然进行合理改造，创造出宜居的家园，实现了安全生活、繁衍发展之目的。客家村落属于组团型布局，它的形成除了较强的防御意识外，还受到自然环境的影响。这种形态的建筑景观多集中在冲积平原、盆地或地势平坦的山顶、平坝之上。除了像客家村落那样整体上的组团，还有的是由单一形式的居住建筑组合而成的，相互间通过不规则的小路连接，自由而不分散。这种布局看似自由，实际上具有明显的向心性，即围绕中心或节点进行组团，有明显的围合关系，如桃坪羌寨。

桃坪羌寨，羌语“契子”，依山傍水，土沃水丰，人杰地灵，岷江支流杂谷脑河自村而过。由于地处高山峡谷地带，四季分明，降水稀少，日照强，气候干燥，昼夜温差大。寨内的羌寨建筑参差错落、古朴神秘，期间碉堡林立，被称为最神秘的“东方古堡”。桃坪羌寨始建于公元前111年，距今已有两千多年的历史。整个寨子背山面水，坐北朝南，藏风聚气，布局严密工整。羌寨依山势而建，层层向后顺应山体等高线布局，逐渐抬升，形成阶梯状分布，前面较为平坦的河谷滩地作为耕种或放牧所用。桃坪羌寨这种适应环境的聚落特色使得建筑群产生了强烈的聚落密集感。寨内的巨大碉楼，雄浑挺拔，屹立于比肩连袂的村寨中，高高低低，从数米到数十米，建筑形式有四角、六角、八角，形式多样，以土、石、麻筋、木为料，有的仅用土木。桃坪羌寨一反传统古城设东、西、南、北四门的建筑形式，筑成了以高碉为中心的八个放射状出入口。而八个出入口又以十三个甬道织成四通八达的路网。寨内人进出自如，而外来人却如入迂回曲折的迷魂阵，非本寨人指引，难以通行。堡内的地下供水系统也是独一无二的，从高山上引来的泉水，经暗沟流至每家每户，不仅可以调节室内温度，做消防设施，而且一旦有战事，还是避免敌人断水的有效防备和逃生的暗道。这些水渠方便、保密，在寨内编织成流经每栋碉楼的水网，为战时提供了巨大的生存空间。桃坪的路网、水网、房顶，组成了羌寨内地上、地下、空中三种立体交叉的道路网络和防御系统，构成了桃坪羌寨建筑的奇特之处。羌族建筑，就近取材，利用附近山上的土、石等资源，先在选择好的地面上掘成方形的深一米至两米左右的沟，在沟内选用大块的石片砌成基脚。宽约三尺，再用调好的黄泥做浆，胶合片石。石墙

自下而上逐渐见薄，逐层收小，石墙重心略偏向室内，形成向心力，相互挤压而得以牢固、安定。

桃坪羌寨

整个建造过程不绘图、不吊墨、不画线，全靠眼力，一气呵成。在威武雄俊的大山上，羌寨人民利用自然、开发自然，对自然环境进行能动地改造，让这里不仅成为他们安身立命之地，更成为他们的精神家园。

街巷式村落

街巷式布局形态多分布在地形平坦的村落，是根据建筑与地形、道路的不同组合关系，以树枝状展开的。主街和次巷脉络清晰，形成统一而富有变化的布局形态，这种空间布局有很强的内聚性，又易于随着村庄扩大逐步沿路拓展延伸。而在一些水乡村庄,则为河路并行的水街水巷。部分村落在主街两端设有门楼,用于安全防卫和管理。街巷式布局的村落一般都有较强的秩序感和归属感。

顺德水乡是街巷式建筑的典范。顺德是珠江西、北两大支流汇合的主要区域,又是历史上新、老平原的交界处。整体上地势西北略高,东南稍低,境内是在溺谷基础上形成的三角洲冲积平原。除北部、东南部、南部分布一些零星小山岗外,全境地势平坦,河流纵横,水网密布,沼泽遍野,是三角洲水网最密集的地区之一。因此,为适应自然环境,顺应河流走向,河流成为聚落组团的自然分界,聚落总体上由河流分割成相互连接的不同板块。有的呈“丁”字或“十”字状;有的呈团状、网状或“井”字状;还有的环绕小丘而建,四面临水,街道呈放射状分布。顺着河道两岸,是珠江三角洲地区传统“梳式结构”格局:以里巷为单位,整齐划一,规规整整,三间两廊的民居一家接一家,形成横平竖直的布局。而且,在河道条件允许的聚落,民居、祠堂等乡土建筑都面向河流,使建筑构成的里巷与河流垂直,直对小埠头,便于居民上下船和浣洗衣物,绕流于珠江三角洲水乡宗族古村河内的一个个埠头,有着十分严格的区别,各房族和家族用不同的埠头,有的还特意泐石加以说明。

条纹式村落

条纹式村落肌理常见于地形复杂的较大型的村庄,丘陵山地坡度较大,受山地环境因素制约而自然顺应地势,形成由几个不同高差的台地条状伸展布局为特点的条纹式空间布

局。布局虽分几个台地，但聚合力强，对用地紧张的山地村落是较适宜的用地方式。山地村落在山地环境的作用下和长期生产活动中，产生了独有的空间布局形式。因地制宜、依山就势是山民们开发自然的前提和基础，也是他们进行村落建设的风格和类型。他们结合地形、节约用地、考虑气候条件、节约用材、注重生态环境和与自然相协调，以最少的花费打造综合效益最高的聚居场所，形成别具一格的山地景观。这不仅仅是自然力和自然规律影响的结果，更蕴含着山民对自然环境的深刻解读和领悟。

贵州苗族的吊脚楼，多以半干栏式建筑居多，这是干栏式建筑适应于山地和坡地的一种独特方式。贵州高原山地居多，素有“八山一水一分田”之说。境内山脉众多，重峦叠嶂，绵延纵横，山高谷深。山民们以山地为生存空间，小环境较为封闭，为避免占用良田，而且由于谋求共同生存的渴望和社会

贵州苗族吊脚楼

关系的等级性,产生出具有内聚性和控制性的聚落。聚落在形成过程中,依山就势,沿山脚建寨,顺坡地,沿等高线变化呈现出内凹或外凸的弯曲形状。内凹的位置多位于山坳,而且有向心、内聚的感觉,虽然通风条件不够优越,但可以借助山势作为天然屏障,以获得更多的安全感;外凸的形式多位于山脊,而且具有离心、发散的感觉,视野较为开阔,利于自然通风,与山脊融为一体。苗族吊脚楼的优势在于保证农田的最大利用率,且具有御敌防守的作用。

又如湘西永顺县的王村古镇,依靠酉水交通、汲水之便,发展成为独有的民居聚落。但王村古镇的形态并非沿河而建,而是以沿山脚等高线的五里长街为特色,依山势随弯就曲,蜿蜒伸展,形成条状式的组团。街道两旁是式样古朴的民居,富有土家风格和地方特色的吊脚楼临水而建,鳞次栉比,别具一格。山地村落居于青山秀水之间,充分体现了村落布局的生态意识。

图案式村落

图案式的村落布局一般受地形或风水观念的影响,形成具有某种象征意义的特殊图案肌理,如半月形、牛形、鱼形、八卦形等。如此布局的村落特别重视村址的选择和整体布局,最大可能地体现出某种文化或宗教理念。村落一般聚族而居,整个村落不仅体现了人与自然的和谐,还体现了宗族式布局的封闭性、内向性、防御性及等级尊卑观念。

宏村,古称“弘村”,位于黄山西南麓,距黟县县城11千米,是古黟桃花源里一座奇特的牛形古村落。整个村落占地30公

顷，枕雷岗面南湖，山明水秀，享有“中国画里的乡村”之美称。山因水清，水因山活，南宋绍兴年间，古宏村人为防火灌田，独运匠心开仿生学之先河，建造出堪称“中国一绝的人工水系”。巍峨苍翠的雷岗为牛首，参天古木是牛角，由东而西错落有致的民居群宛如庞大的牛躯。引清泉为“牛肠”，经村流入被称为“牛胃”的月塘后，经过滤流向村外被称作是“牛肚”的南湖。人们还在绕村的河溪上先后架起了四座桥梁，作为“牛腿”。这种别出心裁的科学的村落水系设计，不仅为村民解决了消防用水问题，而且调节了气温，为居民生产、生活用水提供了方便，创造了一种“浣汲未防溪路远，家家门巷有清泉”（清胡成俊《宏村口占》）的良好环境。湖光山色与层楼叠院和谐相处，自然景观与人文内涵交相辉映，是宏村区别于其他民居建筑的特色。

宏村

又如漳州漳浦县的八卦堡，它并不是一座简单的土楼，而是一个五环式的八卦形民居的俗称。八卦堡建于灶山上的一块平地。跟一般土楼相比，它不封闭，而是完全敞开的。从高处往下看，八卦堡围绕着同一个圆心，环环相套，共有五环平房。中间是一座完整的圆楼，外围四圈断断续续按八卦阵布局，环绕四周，体现了传统文化中向心力与凝聚力在客家人中潜移默化的影响。各环之间间隔三米，形成一个环形的天井，也是人们出入的通道。如此形态，易于人们的生存，也符合人类聚集生活的宗旨。关于八卦堡，还传说东晋著名炼丹家、医药学家葛洪曾隐居于此，炼丹、采药、行医济世。葛洪的传说虽无从考证，但仍能解读到客家人追求天—人—地全面和谐的理念，并充分运用到村落的建造中。

散点式村落

散点式的村落布局比较常见，其布局充分体现了与自然和谐共生的特点，自然散点随处可见，按地形地势分布。这种模式并不试图改变自然，也不人规模地修整平地，不强求整齐划一的空间布局。表面上看似凌乱分布、毫无章法，却又凝聚于某个中心，于稳定统一中体现着开放与多元。

如畲族村落，作为畲民定居之所，大多数在山区或半山区的山脚围弯，山腰的坞壑凹地或丘陵中的小谷地，建房于突起的山垅山冈较少。这样有利于避免显露，以躲避东南沿海风暴的侵害。因为受自然条件的限制，畲族村落呈现“大分散，小集中”的特点，但中间有河流、公路连接，各村分而不隔，往来方便。畲族村落如此布局，其原因是多方面的。从布局角

度来看，在大范围内的民居是封闭的，有利于村寨的自卫，但在小范围内则是开放的，有利于与村民间的相互沟通和交流，也利于同宗族内的人聚集力量发展生产；从生产角度来看，将村落尽量靠山边修建，有利于节省耕地，而小范围内的聚居也是不占用良田的体现。

又如蒙古包，星星点点，犹如散落的珍珠分布在美丽的大草原上，是蒙古人民逐水草而居的体现。点状分布的民居和村落很多，其大小、形状和外部特征也不尽相同。但这都是人们在与自然环境和谐相处过程中的深刻感悟，与其说是人们对自然的开发与改造，不如说是人们对自然的合理利用。

协调自然

随着时代的不断进步与发展，人们对于自身与自然界的关系的认识也在逐步深入，走着一条早期单纯地利用自然，中期开发自然，如今逐步协调自然之路。这在民居建筑的样式与特色上体现得尤为明显。

协调自然是民居建筑与自然环境之间美的体现，是民居建筑与自然环境之间相辅相成、相得益彰的反映。民居在不同的地点有其不同的形式，各有特色，极富感染力。美妙的建筑与优美的环境融为一体是民居的一个重要特点。民居由于就近取材，使用当地的建筑材料，因此建筑的色彩和周围的环境十分协调。民居如同国画中的“水墨山水”，充满诗意，耐人寻味。在建筑材料的质感上，民居也和周围的环境融合统一。

在西北黄土高原，建筑用黄土建成，一片金黄；在西南的丛林山区，建筑用杉木建成的，房顶是树皮铺盖的，几乎就是树林的一部分；在贵州山区，山石崭露，怪石嶙峋，犬牙交错，建立在山坡上错落有致的民居也是石板墙、石板瓦，形成石头世界。中国传统民居取材于大自然，与周遭环境完美相谐，正是中国哲学天人合一最高境界的体现。

我们注意到，不同的地方有不同的特色民居建筑，如黄土高原的窑洞、内蒙古的蒙古包、江南的水乡、傣族的竹楼等；有时在同一个地方的不同地段也会有风格迥异的民居建筑，如在新疆，南疆和北疆由于气候、水文、植被的不同，导致南疆维吾尔族民居大多为平顶土木结构，北疆维吾尔族民居大多为坡顶砖石土木结构，甚至有些建筑的存在让人难以想象，它可能会在悬崖峭壁上，可能高入云端，如广元千佛崖和布达拉宫。但是，它们就是“万物有成理而不说”地存在着，有种妙不可言的协调和不言而喻的美。

《国语·楚语》中伍举与楚灵王关于美的对话阐发了这种观点：“夫美者也，上下，内外，大小，远近，皆无害焉，故曰美……”中国国土辽阔，各地的自然环境也千差万别，所以民居建筑的选址、构造、用材既局限于自然又有赖于自然，但也正是这样，让劳动人民充分发挥主观能动性，探索“人地和谐”的宜居理念，在选材、构建手法、布局搭配等方面做出协调，让民居建筑质朴地融于自然景观中，浑然一体，妙不可言。

景象万千、和而不同

在前面的行文中我们已了解到我国因地理位置的原因造

成地形、地貌、气候、水文、植被等自然条件复杂多变。具体表现为北方地区以平原、高原为主，气温较低，降水量较少，昼夜温差较大，林牧草被资源相对较少；而南方地形以山地、丘陵为主，温暖湿润，林木竹草资源丰富。“生于斯，长于斯”，在合理利用现有自然资源的情况下，我国在民居建筑打造过程中还尊崇认识自然、与自然环境和谐相处的理念。认识自然，是协调自然的关键。只有这样才能不绝对服从自然，通过避重就轻、依山就势、因势利导等方式，为自然环境画龙点睛，实现民居建筑与自然环境之间的相互参照、相互协调。

除此之外，协调自然还体现在民居作为建筑景观和谐巧妙地融于自然环境之中，以达到画龙点睛的效果。我国民居建筑常常把山水、阴阳通过生态联系，建立和谐共生的关系，让流水、山林、农田、院落相互穿插，让民居在山水之中多了几分灵秀之气，而山水因人的活动多几分活力，形成“你中有我、我中有你”的和谐美景。

皖南赣东北一带，为古代徽州之地，这里山明水秀，丘陵起伏，物产丰饶。明清时期，徽州商人活跃，文化日趋繁盛，受到独特的地理环境和人文环境的影响，这里的民间住宅也形成了独具地方特色的徽派民居，成为中国汉族民居住宅宝库中的精美之作。直到今天，徽派建筑仍然充满生机，大江南北，随处可见。

徽派民居建筑在布局上普遍采用汉族传统的三合院和四合院式布置，平面呈正方形和长方形。四周用高墙围合，大门设在正面居中，外墙上除了大门外只开少数小窗，封闭但不呆板。房屋多为两层楼房，偶尔也见三层楼房。房屋为砖木结构，多用穿斗式木构架和以望砖砌成的空心墙，以利于保持室温和阻挡噪声。屋盖为两面坡硬山式,屋面用青瓦铺装,山墙做成马头墙形式,高出屋面,即利于防火,又富于变化。前庭为天井,两侧为厢房。厢房开间窄小,进深浅,便于采光。天井横长而狭窄,仅做排水和采光用,屋前脊雨水顺势流入天井中,以寓“财不外流”之意。正房一般为三开间格局,楼下明间作为客厅,一般做成开敞式的敞厅,以适应南方湿热的气候,明间左右两侧的房间为居室。楼上多采用跑马楼形式,即四周房屋挑出檐廊,廊柱外侧安装雕镂华美的木栏板和栏板,形成环绕四周的通廊。廊下栏板上设置呈弧形悬挑的靠背,望柱间置放座板,组成带扶手的飞来椅,俗称“美人靠”。宅主人及亲朋好友坐在飞来椅上谈天说地,别有一番情趣。天井浅小,为徽派民居的一大特点。天井地面用石板铺砌,便于清洗。庭院内常设置假山、盆池、花坛,使住宅和润阴凉,高雅深邃,充满纤尘不染和隐逸闲适之意境。

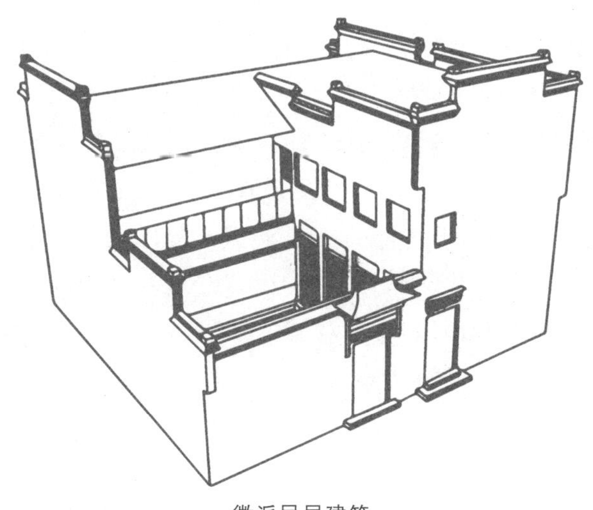

徽派民居建筑

徽派建筑集徽州山川风景之灵气,融汉族风俗文化之精华,风格独特,结构巧妙,雕镂精湛,不论是村镇规划构思,还是平面及空间处理、建筑雕刻艺术的综合运用,都充分体现了鲜明的地方特色。远远望去,流水潺潺,山清水秀,村落依山傍水,池边树影绰约,高低错落的形体组合,丰富多变的屋面和山墙,灰瓦白墙的色彩对比,以及外墙上大小形状各异的门窗勾画出的多变的线条,使住宅建筑融汇到山明水秀的自然环境之中,形成了典雅、朴实而秀丽的民居建筑风格。

位于滇西高原点苍山麓、洱海之滨的大理,是上百万白族同胞聚居的地方,这里不仅气候温和、物产富饶、山川秀丽,独具特色的白族民居建筑更是飘逸潇洒,华丽大方。

白族的建筑风格外观整齐、庄重、大方、古朴。房屋由石料建成,屋顶覆瓦。白族村寨大多分布在湖滨、河畔以及交通便利的平坝上,民居内部庭院多有讲究,往往依据住家的富裕程度而有所不同,大体上分为四种形式:"两房一耳""三房一照壁""四合五天井""六合同春"。白族民居尤为讲究盖门楼,通常盖门楼的形式为"一滴水",即为普通的坡屋,朴素大方,而另一种形式"三滴水"则显示了一种华丽,其建筑十分精美。白族民居中的照壁也显示了民居的特色,照壁之设,乃"三坊一照壁"住宅的突出特征之一。照壁一般做成三叠水照壁形式,即将横长而平整的壁面竖向分为左、中、右三段,中段高宽,两侧较矮窄,形似牌坊。照壁造型生动,颜色清雅秀丽,壁面正中或镶嵌一块圆形山水大理石块并围以泥塑花饰边框,或竖排四块方形大理石,每块上刻一大字,内容多为喜庆吉祥或显示家声的词句。

精于装饰,是白族民居的又一特色。装饰的部位除了大门、照壁外，还有墙面、门窗、梁柱、天花、地坪。装饰的手法有木雕、泥塑、石刻、大理石等。精美的装饰，主次分明，高低错落有致的造型，相互穿插的鞍形山墙和人字山墙，水平划分的山墙腰带和檐下装饰，轻快优美的凹曲状屋面，高翘如飞的脊端，土色墙面，白色装饰带、灰色瓦顶，那既对比又调和的色调，使白族民居在建筑艺术上达到了很高的完美程度。它与抗震、防风、避雨的建筑结构相结合，有机形成了建筑技术、建筑功能和建筑艺术上的和谐与统一。

因地制宜、因势利导

我国民居建筑经过长期的发展，在充分利用地形、减少土石方量、利用场地等方面积累了丰富的经验。经验告诉我们，不同的地表形态有着不同的建筑表现，无论是平原、山地，还是水乡，无一不体现着对自然的协调与利用。

在地势平坦的地区，我国的民居建筑也是风格多样的。历代匠师们汲取和总结了劳动人民在不同地形地貌上营建房屋的丰富实践经验，结合地势，因地制宜，运用灵活多样的手法营造民居，使其富于创造性、实用性和观赏性。每一种地形地貌的营造手法，自然环境与民居建筑的协调与融合，必然是建筑形态的生动表现。

内蒙古草原是世界上最古老的游牧区之一。呼伦贝尔草原、锡林郭勒草原，都是闻名于世的天然牧场。自然景观十分秀丽，墨绿色的草浪，一望无际。到处鲜花盛开，装点着辽阔的草原，分外妖娆。蒙古族先民最初是居住在“皮棚”中的。当时，他们在森林中以狩猎为生，将兽皮覆盖在树杈上或是在

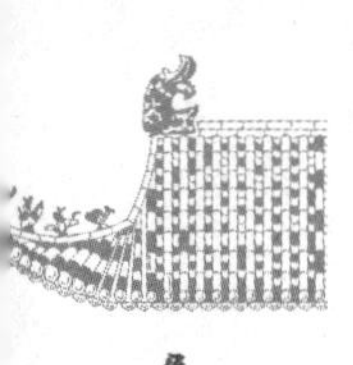

木头架子上搭皮棚，用来居住。公元7世纪前后，蒙古族部落走出了世代生息的额尔古纳河流域的原始森林，来到了广阔的草原上，从狩猎转向了畜牧，随之也脱离了皮棚，住起了蒙古包。辽阔的草原是蒙古民族纵马征战和自由放牧的大舞台，最适合游牧民族的居室就是蒙古包。蒙古包是游牧民族特有的文化模式，它伴随着蒙古民族走过了漫长的年代。

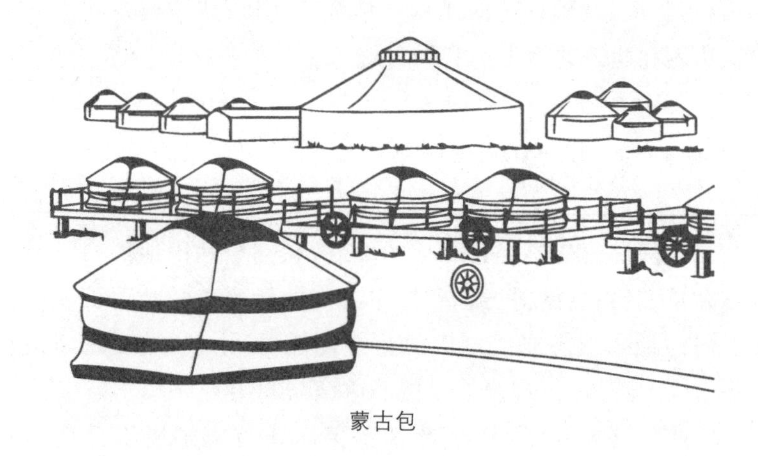

蒙古包

蒙古包是随着蒙古族人民在草原上劳作生息时产生的，它蕴含着历代蒙古族人民对蒙古包与游牧生活的深情。蒙古草原上有一首民歌这样唱道：

因为仿造蓝天的样子，
才是圆形的包顶；
因为仿造白云的颜色，
才用羊毛毡制成。
这就是穹庐——
我们蒙古人的家庭。

因为模拟苍天的形体，
天窗才是太阳的象征；
因为模拟天体的星座，
吊灯才是月亮的圆形。
这就是穹庐——
我们蒙古人的家庭。

从这首形象生动的民歌，我们可以了解到蒙古包的基本形体、结构及蒙古族人民对蒙古包的深情和美好愿望。

华北平原坦荡辽阔，其建筑也是成片出现、扑面而来的，北京四合院就是典型的代表。四合院又称四合房，是一种汉族传统合院式建筑，其格局为一个院子，四面建有房屋，通常由正房、东西厢房和倒座房组成，从四面将庭院合围在中间，故名四合院。四合院是北京人的传统民居，从辽代起已初具规模，元代正式建都北京，开始大规模建设都城，四合院就与北京的宫殿、衙署、街坊、坊巷和胡同等同时出现了。据元末熊梦祥所著《析津志》载："大街制，自南以至于北谓之经，自东至西谓之纬。大街二十四步阔，三百八十四火巷，二十九街通。"这里所谓"街通"即我们今日所称胡同、弄堂，胡同与胡同之间是供臣民建造住宅的地方。由此可知，四合院的建筑规划是如此之大。正如元人诗云："云开阊阖三千丈，雾暗楼台百万家。"四合院数量之众由此可见一斑。

北京四合院的设计和建筑技术都是相当成熟的，在平面布局、建筑结构、色彩处理、空间形式方面都充分考虑了当地的自然环境、人文环境和日常生活的需要。四合院四合房屋，中心为院，深受儒家"天人合一"的观念影响，建筑按照中轴线

布置，其间可穿插大小不一的院落，不仅符合中国的礼教特色，而且借助藏与露、虚与实的手法，将庭院设计成富有流动感的空间。布局讲究“前堂后室”，依据中国上下尊卑、长幼有序的传统观念，所有家庭成员，按照自己的辈分居住在不同的房间里，祖辈居正房，晚辈居厢房，南边用作书房或客厅。四合院根据大小和规模的不同，可分为小四合、中四合、大四合三种，不同的规模也有不同的构造方式。

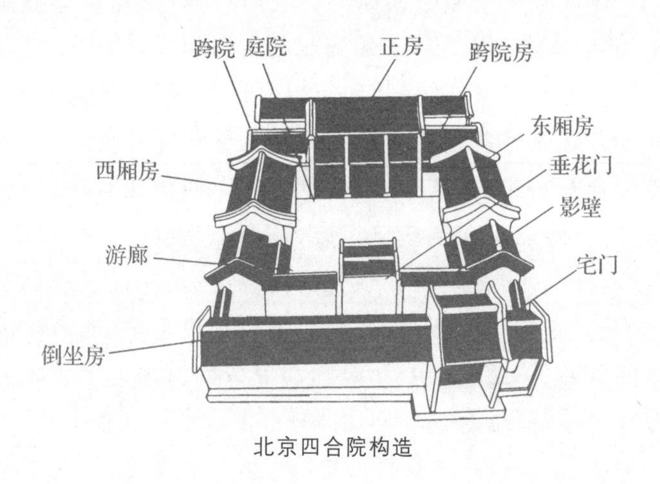

北京四合院构造

北京四合院作为民居建筑，不仅满足了人们遮风避雨、安身立命的生理需求，更是满足了人们对生活空间的心理需求。其特色在于空间设计上灵活运用影壁、檐廊等设计，可以巧妙地划分私人空间和公共空间，创造了和谐的人居空间。其亮点是实现了“天人合一”，实现人与自然的和谐共生。因为四合院除了在人居的空间中设计了朴实的人字形屋顶外，大部分的空间都是开放的，是能够直通苍穹的，这样的设计表现了重视人与自然间的沟通和交流，是对诗意生活的美好向往和对自然的崇拜,正如明代缪希雍在《葬经翼》所言“山川自然之情,造化之妙,非人力所能为”,即要顺应自然。但也可以人为地营造人与自然的小环境,实现民居建筑与自然的协调,让人诗意地栖息。又如文震亨在《长物志》开篇写“室庐”所说:“居山水间者为上,村居次之,郊居又次之。吾侪纵不能栖岩止谷,追绮园之踪而混迹廛市,要须门庭雅洁,室庐清靓,亭台具旷士之怀,斋阁有幽人之致,又当种佳木怪箨,陈金石图书,令居之者忘老,寓之者忘归,游之者忘倦。”北京四合院的内部庭院表现的也是这种情怀。北京人注重庭院内的小环境,庭院内外遍布花草树木。这些花草树木是经过主人的喜好搭配的,并非千篇一律,而是注重不同季节花期的搭配,让院子一年四季都充满活力。更值得一提的是,他们善于利用植物的高低营造空间的层次感。比如,在院子的中心往往饰以桑、槐、白果树等,舒展这份绿的情谊。庭院内还有恰到好处的架子,架子上爬满了蔓藤类植物,架子下面摆放茉莉、菊花、草等盆栽,青苔铺地,让这个小小的生态环境具有了层次感,再加上庭院内的花、鸟、虫、鱼,既生机盎然,又诗情画意。

活景的灵动少不了静景的雅致,动静结合才能相映成趣。北方的冬季寒冷干燥,肃穆而又静谧。因此,在民居建筑上,人们利用色彩处理的手段来协调自然环境。四合院的房子是大面积的青灰色墙面和屋顶,但梁柱是采用红绿色的,门窗、宅门、垂花门、廊道及正房也会有不同的色彩和各种精美的雕饰,丽而不艳,华而不俗,与墙面和屋顶交相辉映,充满了生活的情趣。北京四合院,真正实现了人与天、人与地、人与自然、物与景、情与景的和谐统一。

师法自然、共生共荣

居住形式的不断变化是适应自然气候与地形的结果，不同的地形会形成不同形式的构造。同样，为适应不同的气候，民居也有不同的选材和营造方式。如利用圆形或弧形的构造能减少风沙、风雪对房屋的冲击；利用岩石土壤较好的热稳定性和不稳定的传热性能来保持室内温度的平衡；利用“高架”“悬空”来减轻潮气的入侵和防止洪涝及野兽的攻击；利用土生建材更能适应当地的特殊自然环境。因此，在南方，讲求房屋通透、遮阳庇荫、防潮干爽、排水防涝。在北方，则要讲求防寒保暖、日照充足、防风雪而又不紧闭来实现居住的需求。这些居住需求，只有通过与自然的协调才能更好地实现。师法自然，共生共荣。

严寒气候主要分布在我国极地、寒带和中低纬度一些海拔较高的山地和高原地区，其主要表现为冬季酷寒漫长，夏季凉爽短促。在这样的情况下，防寒保暖是该地区居民在建筑中需要解决的主要问题。为了解决这一问题，人们根据各地的材料、设备等基础条件，创造了适合当地防寒保暖的民居。虽材料、设备等有所不同，但矮小紧凑、南窗充分采光、密闭程度高是其共同特征。如在我国青藏高原地区，寒冷干燥，气候酷寒而风速较大。因此，这里的人们创造了这里独有的碉房。

长白山下、鸭绿江边，是中国朝鲜族同胞聚居的地方。这里山峦起伏，森林繁茂，物产丰饶，养育了勤劳智慧、能歌善舞的朝鲜族人民。朝鲜族人民有着特色鲜明的民族语言、舞蹈、歌曲、建筑、岁时节庆等，都让人耳目一新，而那别具一格的民族住宅建筑也具有浓郁的民族风情。

在朝鲜族聚居的地区，冬天干燥，开春风大，日照较充足，夏季短暂，冬季严寒。自古以来，朝鲜人民喜欢选择背风朝阳、依山傍水、环境优雅、交通方便的地方，或在河流旁高处开阔的地方建房子。远远望去，那一根根高高耸立的烟囱、灰色的屋顶、洁白的墙壁，掩映在青山绿水之间。走进村庄，见不到用院墙围起的院落，只见大路小道间有一片片空地，空地间有一幢幢房屋。房屋一般沿道路而建，没有统一的朝向，房屋的布置也因宅而异。房屋前后都可以出入，房前屋后有大面积相同的空地，或辟为菜圃，或为平整的场地，成为住宅的"院子"。灰屋顶，白墙壁，高烟囱，无院墙，是朝鲜族住宅最明显的外部特征。朝鲜族民居保留了我国唐代以前民居的风格，房屋呈大屋顶形状，屋顶常为四坡水，大部分房屋都带有廊子，按照廊子的不同，可以把房屋分为中廊房、偏廊房、全廊房，这主要根据房屋是否住人而设。房屋设计廊子，是与房屋内部的设置及人们的生活习惯紧密联系在一起的。因为朝鲜族房屋居室里面全是火坑，进屋就要脱鞋，因此需要有脱鞋和放鞋的地方，特别是雨雪天气，设有廊子可避免将泥土带进室内，保持室内的整洁。同时，夏天人们可以在廊下乘凉、休息。廊下还是放置杂物的好地方，走进朝鲜族居民的住宅，一串串红辣椒和大蒜就映入人们的眼帘。这就是廊子实用性的综合体现了。

朝鲜族住宅屋顶坡度和缓，屋身平矮，没有陡峻的感觉，但门窗窄长，使平矮的屋身又有高起之势。房屋的外墙粉刷白灰，墙面洁白。有的用厚厚的稻草铺成的草顶，朴素淡雅，式样美观大方。有的以瓦铺顶，做成歇山式，坡面有柔软的曲

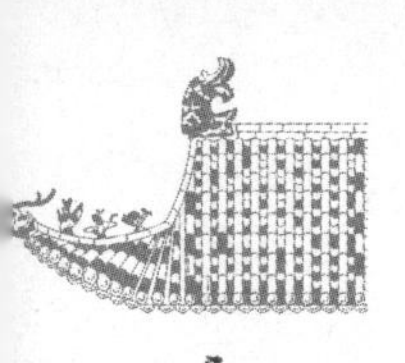

线，檐端四角和屋脊两端向上翘起，垂脊和角脊端部高昂起翘而形成曲线，房檐铺装高粱花瓣纹的勾头瓦当，使得整个房屋稳重之中又有飘逸之感。朝鲜民居，整体上温暖而又灵动，这无疑给寒冷而又肃穆的环境增添了一些生气。

干热地区夏季十分炎热，在天气晴朗时，日照强烈，地面又很少有水分蒸发以资降温，再加上晴朗少云，白天气温升得高，夜间气温骤降，昼夜温差非常大。在我国新疆东部的吐鲁番，以“火洲”著称。火焰山脚下，由于特殊的地理环境，持续日晒造成高温难以散发，降水量远远少于蒸发量，因此这里的风具有焚风性质，最大时达十二级之高。这里气候环境恶劣，距林区远，交通不便，粗大木材、石料等十分匮乏。在这种特殊的地理环境和恶劣的气候条件下，吐鲁番人聪明地因地制宜，就地取材，充分利用当地缺雨少雪，土质黏性好、塑性大，能持续保持高强度的变形等特点，早在两千年前就挖洞成室、夯土筑墙、土块砌屋，建造了许多体量很高、跨度很大的土生建筑——土拱房，也就是当地人常说的“挖地为院，隔墚为墙，挖穴成屋”，形象生动地反映了这种住宅的建造特点。

土拱房的建造离不开土墙，或夯筑，或用土坯垒砌，或在生土上挖成。当地的土拱房具有墙厚、窗小和拱形屋的特色。墙厚既能减少夏日太阳的猛烈照射，又能抵御冬季寒风的侵袭。拱形屋的构造能减少风沙的堆积。房屋多为土坯平顶，以使前室和后室相结合。布置不讲究对称统一，自由灵活。依地形高低布置，建筑形体错落多变。窗户较小，可减少白天的通风量，使夜间的凉气能较久地保留在室内，为防止风沙而不开侧窗，多用天窗通风采光。室内的布置一般均有维吾尔族传统的地炕、灶台和墙上的壁龛。室内装饰简单朴素，一般在门框施加雕刻,墙面多用木模印上图案花纹。室外房前多设外廊,多边形廊柱,柱头形式多样,精雕细刻,装饰华美。而在庭院布局方面,为了遮挡烈日暴晒,通常设立高棚架,让吐鲁番的特产葡萄爬满庭院,防晒、遮阴又通风,营造了舒适的生产和生活氛围,让这个环境特殊、气候恶劣的地方生机盎然,充满了活力。

我国因地处最大大洋与最大大陆的交界处,季风性气候明显。冬夏季风交替,气候随风向改变而改变。通常情况下,夏天雨热同期,冬季寒冷干燥。而在纬度偏低的地区,几乎终年皆夏,温度高且全年的温度日变很稳定,空气又潮湿,属于明显的亚热带季风性湿热气候和亚热带海洋性季风气候。在这种湿热气候条件下的民居要防雨防潮、轻盈通透、凉爽通风,这样才能协调好自然环境与人居环境之间的平衡。湿热地区最典型和最普遍的民居形式是干栏(前文“民居主要类型”中已有详细介绍),因其实用性而广布我国南方和西南湿热地区。

亚热带海洋性季风气候,其总体特征为春天温暖、夏天炎热、秋天凉爽、冬天阴冷,全年雨量适中,季节分配均匀,温和湿润,四季分明。这种气候在我国潮汕一带比较明显,潮汕民居建筑追求与自然的和谐,讲究聚气、通风和遮阳。梁柱架叠,层层推进,雕梁画栋,重线条分割而纤细秀丽。大户人家庐室中多设有花园,种上芳草嘉木,营造叠石理水,普通家庭的庭院中和屋前屋后常常种有各种花草树木,使民居处在一个幽美的近乎自然的环境之中,以获得宁静和谐的生活氛围。潮汕一带不像云南边陲有着许多适用的材料,但潮汕人民通过材料的调和与独特的构造,实现了对气候环境的协调。民

居建筑原料一般采用红土和沙砾搅拌后筑成墙体,然后用泥沙和贝壳灰搅拌后涂墙面,也有部分是夯土或以木、草织成墙体。旧时海滨贫民所居就多为这种称为“涂(草)寮”的茅屋,石材则多用于建筑构件的门框、栏板、抱鼓石、台阶、柱础、井圈、梁枋上和石牌桥、石塔、石桥大型建筑物的建造。而屋面与屋脊,有通花陶瓷压顶,既可以透风又能压顶防风,还有双层(或三层)。青瓦上层为食七留三,底层食三留七,再压瓦筒,于两瓦之间隔热泄水。潮汕人民着眼于潮州长夏无冬的自然气候条件,充分了解建材的特性,通过建材与结构的运用和组合,既有利于材料的去潮防朽、坚固稳定、延长寿命,又使居住和日常活动舒适凉快。

中国民居建筑,因其独特的艺术风格、人文情怀和历史内涵构成了独树一帜的景观。它们身上有着自然环境的印记,是自然环境的折射物;它们承载着千年的历史积淀,鲜明地反映着地域的文化与自然;它们融合了当时当地的自然环境要素,是历代劳动人民利用自然、开发自然、协调自然的生动体现。

在人与自然的关系上,利用自然、开发自然、协调自然,它们之间存在着递进的关系,是不断深化的思想认识,是劳动人民与自然和谐相处的深刻领悟。几千年来,我国的民居建筑发展史一直没有中断过,从民居建筑的造型、建材、布局等方面,我们可以清晰地感悟当地独特的自然环境和人文特色。无论是一砖一木,还是一窗一棂,无不体现着勤劳而智慧的先民们努力利用自然、开发自然、协调自然而不断探索的印记,蕴含着厚重的历史承载度和人文情感。

居住与装饰

居室是人类最重要的生活场所，人每天有多半时间是在居室中度过的，所以无论古今中外，人们对居室从建筑风格到装饰材料都非常考究。这些装饰本身既有一定的实用价值，又有很强的艺术感染力，既追求功能上的实用、舒适，又追求视觉上的美观、华丽，表现了强烈的民族风格和时代特征。在技术与文化的统一中，展现了我国悠远的历史和广大劳动人民的无穷智慧。

传统居住装饰的发展

人类从穴居、巢居，到以土、木为主要材料建造地上房屋，在不断的实践中创造了种类繁多的居住建筑，同时也创造了美的居住装饰。随着建筑的发展，建筑装饰也不断展现出夺目的色彩。山西襄汾陶寺村龙山文化遗址中已出现在白灰墙面上刻画的图案，这可能是我国已知最古老的居室装饰（庄裕光《屋宇霓裳：中国古代建筑装饰图说》）。

大约在西周时期，除了覆盖屋顶用的板瓦和半圆筒形的筒瓦之外，还出现了用于装饰檐口、保护屋檐的半圆形的素纹瓦当。西周的代表性建筑岐山凤雏遗址，为我国目前已知最早、最严整的四合院实例，它共有两进院落，有影壁、大门、前堂和后室。瓦的发明是西周在建筑上的突出成就。岐山凤雏遗址中除了瓦，还出现了铺地方砖，而且有的用花模制作，出现装饰性花纹。

春秋时期，人们开始重视对居室内的装饰，出现了木建筑彩画。《左传》记载鲁庄公宫室“丹楹”“刻桷”，加以装饰，《论语》中所言“山节藻棁”，都是实例。战国时代，斗拱的应用更普遍，建筑装饰更华美，土坯墙和版筑墙的技术更成熟，宫殿建筑的屋顶几乎全用瓦，各城址发现大量板瓦、筒瓦、瓦当、瓦钉和印纹瓦。

汉代是中国封建社会发展的第一高峰期。经过秦末动乱，汉初统治阶级奉行休养生息的政策，社会经济得到较快的恢复和发展，积累了大量的社会财富，亦为建筑装饰的富丽奢华提供了条件。“夫君人者，不饰美，不足以一民。”在这种思想支配下，汉代居室首先追求外表高大，其次追求华美。汉代住宅形制有一种是继承传统的庭院式，另一种是新创建的“坞壁”，即“平地建坞，围墙绕环，前后开门，坞内建望楼，四隅建角楼，略如城制”，很有气势。院、坞盛行带栅栏的大门，中间高起，两侧有廊庑簇拥，门面宏敞，门扇上还带有铜制的辅首（庄裕光《屋宇霓裳：中国古代建筑装饰图说》）。

从东汉到三国时期的居住建筑，开始重视利用屋顶的形式和瓦进行装饰。屋顶形式以悬山式和庑殿式最为常见。门上多装饰有门簪，门扇多装饰以辅首。魏晋南北朝时期，随着佛教、道教在民间的影响逐渐加大，一些与之相关的装饰纹样开始被应用到建筑装饰中，如莲花纹、八卦纹等。贵族住宅往往使用庑殿式屋顶，屋脊上多饰以鸱尾，房屋的墙壁上多设有直棂窗（金夏《中国建筑装饰》）。

唐代是中国封建社会发展的极盛时期，泱泱大国，享誉世界，万国来朝。唐代早期建筑朴实无华，屋顶舒展平缓，出檐较长，门窗简朴实用，色彩简洁明快，结构和装饰统一，一般没有纯粹为了装饰而加上去的构件，风格雄浑豪健，斗拱壮硕有力，梁柱是力与美的完美结合，整体装饰典雅、纯净，摒弃矫揉造作，浮现出雍容自信的大唐风韵。

随着建筑技术的发展，人们审美观念的提高，到了明清时期，建筑的室内不再以单调的形式出现，建筑的艺术装饰性日益加强，更加着意对功能性部件的精雕细琢。木结构的

装饰手法都被发挥得淋漓尽致,如藻井、斗拱等部件,都已经发展成为以装饰为主、功能为辅的建筑结构了,门、窗、屏风、隔扇的运用和灵活的空间组合处理,使建筑内外空间融为一体,天花藻井、隔扇、博古架等,成为内部空间划分极具装饰性的构件。其精致的工艺和精美、变化的结构图案都是独树一帜的。一般住宅内设影壁,在大门、屋脊等处多雕饰及彩绘;地面铺方砖,室内用罩、隔扇等分隔空间。明清两代江南的私家园林空前兴旺,有苏州园林、扬州园林等。自从西方引进玻璃后,建筑门窗的样式也发生了巨大变化。

中国悠久的历史创造了灿烂的古代文化,在全世界产生了深远的影响。居室装饰也是中国古代居所最具特色的特征之一,既表现出中国古建筑独特的建筑艺术,又反映出中国古代思想中丰富的文化内涵。

传统居住装饰的特点

色彩

中华民族是世界上最早懂得使用色彩的民族之一,色彩文化是中国传统文化的重要组成部分。古人在很早就确立了色彩结构,以青、赤、黄、白、黑五种颜色为正色,并把它们与五行中的金、木、水、火、土相联系,把中国人关于自然宇宙、伦理、哲学的多种观念融人到色彩中。

在古代，人们把较浅的蓝色称为“青色”，代表着东方方位。装饰常用的蓝色也叫“云青”，是一种色泽鲜艳的蓝色。屋顶上的吻首、瓦当常用蓝色着色。红色几乎是中国的代表色，象征着吉祥、喜庆、勇敢、正义。古代的中国人，从洞房花烛到金榜题名，从衣着到住所，崇尚红色的习俗随处可见。民居的大门多漆成红色，而斗拱、天花等建筑构件的彩绘中红色的使用频率也很高。

在中国古代，黄色曾象征着权力、富贵、光明、智慧，黄色还代表孕育万物的土地。北京天坛的祈年殿三重檐中的中檐便是象征着土地的黄色琉璃瓦。黄色还具有浓厚的宗教色彩，很多佛教建筑、寺院装饰都会用到黄色。

传统建筑装饰中，白色的使用频率不是很高，多用于墙壁，例如中国南方徽州民居的显著特征之一就是白色的墙壁。

在远古时期，中国人崇尚黑色，以黑为贵，民居的屋顶常用黑色的瓦件即“黛瓦”进行装饰。在彩画当中，黑色的墨线则起到了很好的色彩过渡作用。

图案

建筑装饰中的吉祥图案，既融中国绘画、书法、工艺美术于一身，表达了古人对美的认知和感悟，又具有极高的观赏价值，从而成为中国传统居住建筑装饰的显著特点。按照题材的不同，装饰图案分为祥禽瑞兽、花木、器物、图文、人物等。“纹必有意，意必吉祥”，造就了各式各样内容丰富的传统纹饰（金夏《中国建筑装饰》）。

一般来说，中国传统建筑装饰中图案的寓意表现手法大致可以分为谐音、比附和符号三种。

谐音指的是利用某种事物的词汇读音与人生追求目标的某个词汇读音相通或相近，转而用来表达内心的意愿，如："蝙蝠"代表"福"，"花瓶"代表"平安"，"鱼"代表"富余"，"喜鹊"代表"喜气"等。

比附指用借代的手法，借一物体或一画面暗喻某种含义，如石榴"多子"，佛手"多福"，寿桃"多寿"。以花草树木为题材的吉图案在古典建筑中最为常见。例如，被称为"百花之王"的牡丹，被誉为"花中四君子"的梅、兰、竹、菊等。或者借用花木本身的吉祥寓意，或者利用这些植物的特征，组成了吉祥图案，较为常见的包括福寿三多、连中三元、榴开百子等。

符号的表现手法则更为常用。古人说"言不尽意，立象以尽之"。由于历史的文化传承，使客观对象逐渐固定化为理想和愿望的替代物，成为了特定的符号，人们一见到它们就感到愉悦、满足，如万字意为"吉祥万福之所集"。"盘长"原来是佛家八宝之一，后成为特定符号，就用来表示幸福连绵，或好运不断，或人丁兴旺。以文字为主的吉祥图案，其表现形式更加直接，如寓意福运当头的"福"字，寓意健康长寿的"寿"字，寓意喜事连连的"喜"字，以及回字纹等。

谐音、比附与符号三种表现手法往往交错使用，赋予装饰纹样丰富的精神内涵。

材料

由于中国传统居住建筑以木结构为主，辅以砖、瓦、石等材料，所以根据建筑材料的不同，传统建筑装饰也运用不同的材料和方法，如石雕、砖雕、木雕、彩绘、灰塑、陶塑等。

石雕是建筑装饰中使用最广泛的品种。石雕又包括圆雕、浮雕等。随着佛教传入中国，佛教建筑开始盛行，石窟、佛像、佛塔等都出现了很多石雕装饰。

石雕

砖雕是模仿石雕而出现的一种雕饰类别，由于比石雕更加省工、经济，故在建筑中逐渐被采用。砖雕一般用于门楼、影壁、祠堂、戏台、山墙、寺庙、牌坊等建筑的装饰，雕刻精巧，

题材丰富。

砖雕

建筑装饰中的木雕，主要应用于木结构的房顶、梁枋、护栏、室内家具等，利用不同的木材质感进行雕刻加工，丰富建筑形象。木雕一般用于建筑的藻井、梁枋、斗檐柱、门、窗等各个建筑构件，题材多样，工艺精湛。

木雕

传统建筑的彩绘在中国有悠久的历史，是传统建筑装饰中最突出的特点之一,以其独特的风格、精湛的制作技术及富丽堂皇的装饰艺术效果闻名于世。彩绘原来是为了防止木结构潮湿、腐坏、虫蛀,后来才开始突出其装饰性。彩绘有和玺彩画、旋子彩画和苏式彩画三大类。

中国许多地区还有用灰塑和陶塑装饰屋脊的风俗。例如,云南昆明农村地区的民居,在居所正中上方房顶安置瓦猫,用来镇宅。

传统居住装饰构件的类型与功能

传统民居装饰分为大木作装饰和小木作装饰。大木作装饰主要是承重木结构构件,如梁、架、柱、斗拱的装饰构件;小木作装饰主要是非承重木构件,如窗、栏杆、隔断、外檐装饰等。

屋顶脊饰

屋顶上的建筑装饰是传统居住建筑装饰中最重要的部分,具有很高的艺术价值。针对不同类型、不同等级的建筑,屋顶的装饰也有所不同。传统建筑中屋顶上两向坡屋顶相交处,而生屋脊。高临横卧于顶部的称为正脊,向四面檐角缓缓下垂的成为垂脊,整个屋脊为建筑最高轮廓线,其位于建筑物的最高处,也就成为了装饰的重中之重。脊兽、正吻、滴水、陶

塑等都是传统建筑屋顶的主要装饰构件。

屋顶脊饰

脊兽，是中国传统建筑屋顶的屋脊上所安放的兽件，不同位置的脊兽有着不同的功能和寓意。传统建筑屋顶上安装的脊兽，其用途主要有三种：一是古人为求吉祥辟邪而设的吉祥物；二是对官式建筑而言，屋顶吻兽（即房屋屋脊两端所装饰

脊兽

的瑞兽)数量的多少,代表了殿宇等级的高低;三是防水,脊兽本身就是专门设计制作的防水构件,如有脊兽安放在正脊与四条垂脊的交汇点上,而此处正是屋顶防水最不好处理的位置,脊兽起到了封固的作用,能够延长建筑的寿命(金夏《中国建筑装饰》)。

蹲兽,也称"走兽""仙人走兽",是安放在宫殿建筑庑殿顶端崔脊或斜上顶的戗脊前端的脊兽,分仙人和走兽两部分,其数量和宫殿的等级相关。每一个兽都有自己的名字和作用。在正脊两端的吻兽被称为"正吻"。民居一般不允许使用大型龙吻。

两广一带还有一种做法,就是在亭台楼阁的正脊上建筑花鸟、戏文人物、果品器物造型等,通过烧制的陶塑和石灰、铁丝、纸筋胶泥制成的灰塑,堆放在正脊上,涂上鲜艳的颜色,形成非常热闹的场面,这也是南方沿海地区活泼进取的民风的生动表现(庄裕光《屋宇霓裳:中国古代建筑装饰图说》)。

瓦当悬鱼

瓦当是中国古代居住建筑屋顶檐头筒瓦顶端前沿的遮挡。中国古代建筑中的陶瓦是一块压一块的,从屋脊一直排列到屋檐底端,处在众瓦之底的瓦就是瓦当,是屋顶的重要构件。瓦当的作用是保护飞檐避免风吹、日晒、雨淋的损坏,延长飞檐的使用寿命。瓦当的图案多为龙、鱼、鹿、花、草、吉祥物、灵兽等,还有大量文字纹样,如延年益寿、长乐等,每个朝代都有不同的流行纹样,通过瓦当可以考察出建筑的建造年

代。民间建筑多数是用泥土烧制的青瓦,呈青灰色,分片瓦和筒瓦。

瓦当悬鱼

悬鱼,位于建筑屋顶两端的博风板下,垂于正脊,是一种建筑装饰构件,大多用木板雕刻而成。因为最初为鱼形,从山面顶端悬垂而下,所以称为“悬鱼”。悬鱼其实不限于鱼形,有各种各样的装饰形状,例如图像化的蝙蝠的形象,取“蝠”与福的谐音。

墙体立面

以木结构为主的居住建筑中,墙体一般没有承重功能,只是起围合、保暖、避风雨的作用。它们大都处在室外,面积大而平板,经过装点,就成了优美建筑的一部分。装饰性较强的墙主要有山墙、云墙、阶梯墙、虎皮石墙和粉墙。墙的装饰方式主要包括墙体堆砌和砖雕,墙檐和基座处砌上转刻或石刻的浮雕就显得更加美观了。对于花园院墙,则用青瓦片搭砌成如意、祥云、织锦、鱼鳞等几何图案,成为透窗,起到透过花窗看美景的效果。

云墙是园林中常用的墙体之一,又名“波形墙”,即墙头做成起伏波浪形状,线条流畅轻快,富于旋律。墙面常抹白灰,墙头覆小青瓦。

虎皮石墙是中国传统建筑常用的一种墙体,用不规则的山石块砌墙,石块间以白灰膏勾缝,有凹缝、平缝、凸缝三种勾缝的方法,既形成自然的花纹,又显出石材的天然肌理效果,使墙体具有田园风格。

阶梯墙又名“马头墙”,是徽派建筑最突出的特点之一。高大的马头墙能把屋顶都遮挡起来,使屋顶不会被雨水打湿,从而保持屋顶内的木结构干燥。其常建于坡地,墙头呈阶梯状错落,做凸出线脚和小青瓦檐脊,轮廓变化、高低相错,有很好的装饰性。

粉墙,又叫“混水墙”,是进行抹灰、粉刷处理后的墙体。南方民居多为白墙,北方民居多为青灰墙。

影壁,在南方又叫“照壁”,其形态可以是一堵独立的墙体,也可以是依附于其他墙体上的。影壁由壁座、壁身、壁顶三部分组成,装饰重点在壁身部分,用色彩、泥塑、砖雕等进行装饰,内容有人物、花鸟、器物、文字等。而砖雕部分主要为壁身中央位置和四角位置辅助装饰。

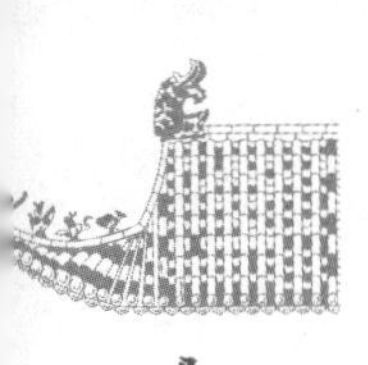

梁柱斗拱

中国古代建筑木构的梁枋构架往往直接露在外面而不加掩盖，而这些梁架都会被装饰一番，因此，“雕梁画栋”一词成为对中国居住建筑这一装饰的精炼概括。

在居住传统中，外檐构件的雕刻往往十分精美，尤其是额枋、斗拱等，充分体现了古代人的高超技艺。厅堂之美，檐枋第一，额枋安装于外檐柱柱头之间，由于处于建筑立面比较醒目的位置，因而历来是雕刻的重点部位。它常用多种雕刻手法，雕刻的题材非常广泛，从卷草花卉、祥禽瑞兽到戏文故事、历史人物，应有尽有，并常结合彩绘、贴金加以美化。

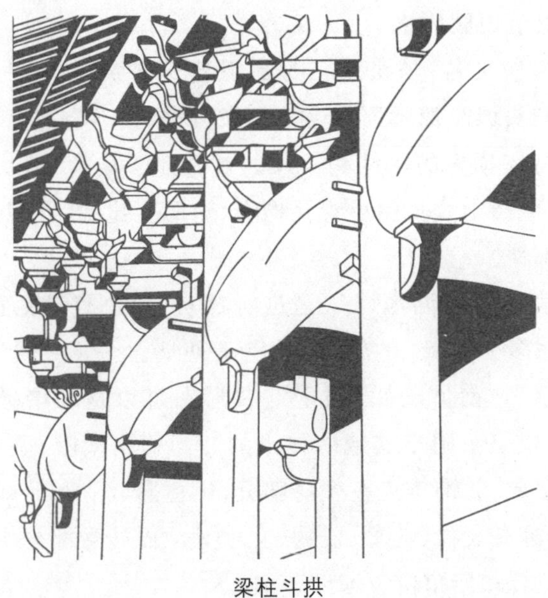

梁柱斗拱

斗拱，是中国传统建筑特有的构件，置于柱头和额枋、屋顶之间，其作用是加大屋檐，支撑屋顶负荷，减少跨度。斗拱不仅结构精巧，而且表面装饰有彩绘图案，十分优美。

杜甫诗云："山川扶绣户，日月近雕梁。"雕梁画栋是对房屋的整体装饰美化，同时也起着传授知识和文化的作用。做事图个吉利、讨个口彩的习俗在中国人的日常生活中非常普遍，因此，在中国的建筑装饰中，精神层面的需求，表达得非常突出。寓意吉祥，祈祝顺利、和谐、升官、长寿、兴旺、富足等主题，表现在建筑装饰中的比例很大，存在着"有房必雕、不雕即绘"的普遍现象（庄裕光《屋宇霓裳：中国古代建筑装饰图说》）。

院门房门

门是居室的出入口，素来有"门脸"之称。既然称"脸"，装饰门脸就如人们打扮自己的面容一样受到重视。在中国乡土古建筑中的大门，其装饰表现手法多是简洁大方，而在其他门的装饰上则更为丰富。人们通过大门上的图案，把忠、孝、仁、义的道德标准，福、禄、寿、喜的期望，渔、樵、耕、读的理想生活等都在门上表达了出来。

隔扇门是中国古建筑院落内部的房屋门，其上部为窗格，下部为门板，有防御、通风和采光作用。隔扇门样式丰富、易于拆装的特点，使它在中国古建筑外檐与室内装饰中被广泛应用。在古建筑外檐装饰中隔扇门整齐地排列于檐柱或金柱之间。它的安装以房屋开间与进深为单位，每间的安装数量由建筑尺度决定，一般采用四至八扇的偶数隔扇门，排列整齐

对称，从而为建筑在古朴风格上增添一种韵律美。隔扇门把古建筑室外的韵律感延续到室内，使建筑外与内形成一套完整的装饰体系。它的制作工艺汇集了中国传统工艺的精华，其艺术装饰更是中国古建筑装饰中精彩的一笔（王岩明《中国古代建筑装饰构件研究：建筑装饰中的隔扇门》）。

隔扇门

垂花门是一种特别有装饰性的门，多用于建筑内部来分割前后院。外院多用来接待客人，而内院则是自家人生活起居的地方，外人一般不得随便出入，这条规定就连自家的男仆都必须执行。

门框的横面上往往有多角形或花瓣形的门簪，这也是具有功能性的一种装饰。两扇门板，上下有轴，上轴固定在称为“连楹”的横木中，这根连楹依靠几根木条与门框上面的横木连接固定在一起，这几根木条露在外面的部分经过加工就成了装饰性的门簪了。门簪的造型非常多，并常加有吉祥之类的文字。

门扇的下轴置于方形石墩的凹孔中，这种方石有一半在门里承托门轴，一半露在门外，北方叫“门墩”。在门外的这一部分可大可小，装饰的程度可繁可简，小到只用几条线脚加以装饰，大到雕成一个圆鼓形鼓面，鼓座上再刻以丰富的卷草、蝙蝠、锦缎、荷叶、如意及福寿等文字图案，便成了抱鼓石，上面再辅以狮子雕刻便成了门前附属物石狮子了（庄裕光《屋宇霓裳：中国古代建筑装饰图说》）。

在民间，门板上除了传统的门神、对联之外，还有香插、元宝、五色布以及因四季不同而更换的装饰物。这些随季节而更换的装饰物，反映了老百姓朴素的生态自然观。

辅首门环

门是进出自由的出入口，它的功能就是要能开能关，如果有外人来访就要敲门，主人外出要锁门，故板门上要装门环和锁链。这种门环称为“辅首”或“门钹”。

民间门板上的辅首，一副圆形的门环，用铁板固定在门板上，这块铁皮可以做成圆形、星状形、多角形，有的还在上面刻出各种花纹。小小一副门环，有时也做成竹节状，或在上面压出花纹。有的工匠看到门栓来回抽动，其一端的铁头很紧，易损坏门板，于是在门板上安一小块铁皮，并把这块铁皮做成鱼形、花形，甚至刻上人物。从这些乡土建筑的门上，可以看到门钉、看叶、辅首这些元素兼顾实用性和装饰性，同时也看到了建筑装饰的“原创性”。这种“原创性”的装饰朴素自然，与

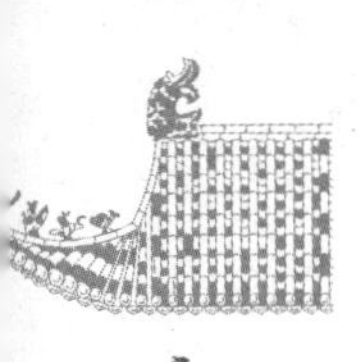

提倡简洁美的现代生态设计理念相符合（龚忠玲《中国古建筑元素——门的装饰性》）。

辅首门环

我们现在常常见到的辅首多是一个兽头，口中衔个门环，这兽头是根据一段传说而来的。据《百家书》中记载："公输班见水蠡，谓之曰：'开汝头，见汝形。'蠡造出头，般以足画之，蠡遂隐闭其户，终不可开。因效之，设于门户，欲使闭藏当如此固密也。"公输班人称"木匠祖师爷"，蠡在古代即为螺，螺有外壳，遇到不利情况，会将身体缩入壳内以保安全。故在大门上用螺的形象做辅首，象征门的坚固安全。随着时代的变迁，现在宫殿大门上的辅首，经过工匠的再创造，已由螺变成龙的九子"椒图"的兽面了，其"威力"要比螺大。

窗牖窗格

窗是安装在建筑物上用来采光、换气的构件。传统建筑中的窗分两类，一类是木棂格窗，在工艺上属于木作装饰；一类叫牖，是在墙上开窗，在工艺上属于瓦作。木棂格窗因多用纸裱以遮挡风雨，故需要较密集的窗格，而为了美化这种窗格，就出现各种动物、植物、人物等组成的千姿百态的窗格花纹了。

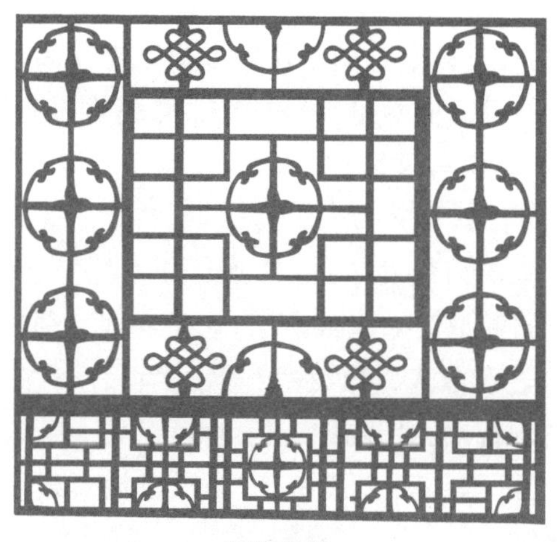

窗牖窗格

窗是人们视觉的关注中心。不同的建筑有样式不同的窗，常见的有直棂窗、支摘窗、什锦窗、花窗等，每种窗都能因地制宜地进行装饰。《汉武故事》载："帝起神色，有琉璃窗、珊瑚窗、云母窗。"它们都是指用不同材质进行装饰的各种窗。后来，窗棂上多糊纸或纱，文人雅士常在糊好的窗纱上画出各

种山水花鸟等图案。皇家多雕龙画凤，描金绘彩；士大夫宅第的窗上常见琴棋书画等纹样；商人喜欢华丽、兴旺一类的雕饰；平民人家则喜爱喜庆、平安、长寿一类的格花。

匾额楹联

人有人名，地有地名，我国传统居室，从单座房屋到大的建筑组群也都有名称。居室建筑上用的匾联有两种意义：一方面代表建筑本身的名称，另一方面也是对主人、对事业、对建筑本身的赞扬。用文字艺术来表现建筑，其意境深远，义理深邃，同时又是一种装饰的手法。如果说雕梁画栋、彩绘壁画把古建筑装饰得富丽堂皇、光彩照人，雕刻将古建筑修饰得玲珑而精致，那么匾牌楹联、名人书画，则使古建筑显得更加高贵典雅、诗意盎然。

楹是厅堂前面的柱子，楹联则是挂在柱子上的对联。楹联也就是我们常说的对联或对子，它是我国一种传统的、也是独具特色的艺术形式，可以应用于很多场合。制作匾额楹联时通常先将木板、竹片做成弧形，然后在其上雕刻对联文字，之后再敷上红、绿、蓝、金或白色，并加以精致装潢，是文学与书法的结合。

匾联一般用于大门、二门、大佛殿和牌坊上。对于对联的要求，一要文字美，二要词句深刻，三要书法水平高，四要雕刻手法高明，要设计妥帖，再把大小、长短、色调、尺度、比例等方面都通盘仔细考虑后方才能动工。

楹联的使用能给居室增添情趣，也是对建筑的一种补充和完善。因此，在中国传统建筑中，无论是家室园林，还是风景名胜，随处可见楹联的点缀与烘托。无论是文人，还是普通百姓，都喜欢在自己的居室装饰中使用楹联，只是所选风格可能各有不同。楹联的字数不确定，可长可短，但都讲究对仗工整、平仄协调，虽寥寥数语，却能从中体现主人的志趣、学识和爱好。

匾额楹联

中国民间楹联的使用也极为普遍。每逢有喜庆的事,都要用大红纸书写对联并张贴起来,烘托喜庆气氛,渲染吉祥色彩。中国民间使用楹联最多的时候要数春节了。春节时的楹联叫春联,清代富察敦崇《燕京岁时记》中记载了北京过年贴春联的习俗:自入腊后,即有文人墨客,在市肆檐下,书写春联,以图润笔,祭灶之后,则渐次粘挂,千门万户,焕然一新。民间春联在内容上多写吉祥、喜庆、幸福、美满等内容,如:向阳门第春常在,积善人家庆有余。有的对联写得非常巧妙,如:梅开五福,竹报三多。此联巧妙地嵌入"三""五"两个数字。"五福"指长寿、富贵、康宁、好德、善终,"三多"指多福、多子、多寿;而在自然界中,梅花开作五瓣,竹叶则多是三片长于一处,此联中的"三""五"则妙在其中。人们在节日喜庆的日子里,用红纸书写横批对联,贴于各种门上、栏上,这是用纸临时性贴的对联,但也可达到同样的效果。下面列举两例:

上联:忠厚传家久;下联:诗书继世长。

上联:立品定须成白璧;下联:读书何止到青云。

装饰画

中国传统的民居十分重视外部装饰,装饰画是重要的装饰手段,其内容、形式都丰富多彩。这类装饰画的运用有一个鲜明的特点,就是在画中蕴含了特定的寓意,充分利用了我国传统的谐音、比喻、象征等艺术手法,把中国传统的审美意识、伦理道德和美好的人生理想以及生活愿望有机地结合起来。

装饰画

中国传统社会中,各阶层的人们都向往吉祥如意的生活,所以民居装饰的常见主题是“吉祥如意”,尽管各阶层的标准不同,雅俗兼备的居住文化不同,但归纳起来无外乎“福、禄、寿、喜”四个字。民间常用的装饰图案很多,有多种表现手法:有实物象征法,如莲花和鱼图案寓意“连年有余”;桃图案代表“吉祥、长寿”;蝙蝠和梅花鹿图案代表“福禄双全”;松与鹤表示“长寿”;牡丹代表“富贵”;石榴表示“多子多福”;莲花代表“高洁”;竹子表示“正直”。还有形意结合的图案设计法,如在宝瓶上加如意头,意为“平安如意”;用莲花图案托起大斗,斗中插三戟,意为“连升三级”等。如果房屋的主人是文雅之士,在这些图案之外,他们还会再加上一些自己喜欢的图案,如琴棋书画、松竹梅兰等,以表现自己的文雅、高洁等。

家具

居住环境的布置模式，最能集中体现出一种民族文化的基本审美情调和审美特征。它包括各区域、各类型民居中的室内安排，各种活动或日常生活中室内的陈设方式，由陈设而造就的典型环境和由此产生的空间形态，还包括各种类型陈设物品中那些具有“民间美术品”性质或具有较多审美属性的典型对象。这些对象主要包括各个典型种类中典型式样的民族家具，如桌、椅、床、榻、箱、柜、案、几等，以及一般民间使用的室内室外的摆设物品，如墩、座、屏、架、摆件、饰件等，还包括各种用于布置居宅和在起居活动的重要场所中有重要影响的悬挂物和铺设物，如匾、牌、帐、幔、毯、帘等。这些东西，都有其完善的式样及其各自发展的历史。它们成为营造民居氛围的最主要的元素，成了日常生活中影响人们审美格调、文化素养的重要物品。

此外，在许多特别的民俗活动中，民居亦是重要而集中的活动场所，尤其在普通的社交活动或在以家庭为主的民俗节日中。例如在走亲访友、祭灶祭祖、娶亲嫁女、做寿团拜等活动中，民居的许多场所都会有特殊的布置方式，相对集中地体现了社会交往中较为恒定的对活动环境的文化要求，反映出不同地区、不同阶层与不同个人的心性对统一文化模式的适应与深化，使民居的陈设成为民族文化的重要载体。

居住装饰的特性

建筑是生活的容器，也是文化的载体。作为文化形态的一种，建筑被赋予了“文化”的意识，通过图像、空间、环境的方式表达人们的需求、价值、情感和欲望。居室的装饰不但有美观的目的，同时还有民族、地域、宗教、伦理、习俗、心态及情感意象等许多功能。中国古代的装饰手法铸造了中国传统居室富有特征的外观，更让装饰艺术具有了思想内涵和民族性。

等级性

社会中的等级制度反映到居住中来，就形成了等级居住。中国传统居室装饰除了民族心理和审美爱好外，还与封建礼制、儒家思想相联系，有着严格的等级制度规定。

居住的等级性在色彩的装饰上尤为突出。例如，门的色彩就很有讲究。中国古代的建筑用色，历朝历代讲究等级，例如古代帝王赏赐给有功的大臣或有权势的诸侯大臣的“九赐”之一就是“朱户”，即把住宅大门涂成红色以示荣耀。后来“朱门”也就成了贵族府邸和统治阶层的代称。唐代诗人白居易《伤宅》诗云“谁家起甲第，朱门大道边”。朱者，红颜色也。在封建社会里，大户人家都爱用朱红色大门，在宫廷建筑上多用红色、黄色，因为红、黄色有富丽华美之感。例如，北京故宫是

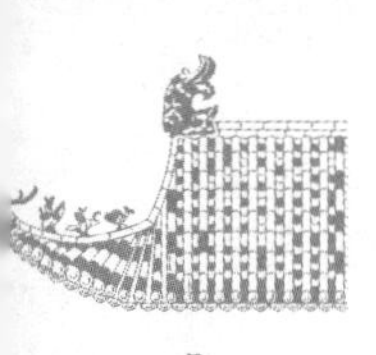

红门金钉，以显高贵。而民间的建筑多用青砖、灰瓦、白墙，以显朴素、清丽之美。例如，徽州古民居，宛若水墨，清新自然。

门扇中央有门环和门扣，古时是用来叩门和从外面关门用的，圆门环用兽头的嘴衔着，就成为了"辅首"装饰。这种门钉、门环和门扣也有严格的等级，皇宫才可以有九行九列门钉和金门环、门扣，亲王为朱门金色铜环，公王府为绿釉铜环，一品、二品官员为绿釉锡环，其他官员为黑釉铁环。门钉、门环在这里已经没有什么实际功能了，只是一种礼制等级的符号，成为纯装饰构件（庄裕光《屋宇霓裳：中国古代建筑装饰图说》）。

地域性

中国居室建筑装饰既保持传统的约定和礼制，又有地方的多样性，即地域性特征。由于各地的气候、地理、人文、生活习俗之不同而呈现出千姿百态，从而使民居建筑从总体到装饰都呈现出更加生动活泼、更为丰富多彩的面貌。

北方的民居建筑中最有特色的是胡同里的四合院门楼，天津杨柳青大宅院的大小门楼，都有极具北方大气风格的砖雕，以朴实、庄重、简洁、典雅为特点，砖雕题材主要以自然花草类、吉祥图案类、博古锦文类为主，尤以"福、禄、寿"三种题材最为常见，表达了京都人对福、寿、官禄的追求和渴望。四合院其他的装饰特色，是位于前后院之间的彩绘透雕垂花门楼和连通各进走廊墙上的什锦窗。这些窗做成圆形、扇形、葫芦形、菱形等，漆成红色或绿色的框，镶嵌上玻璃，画上花草，增添了院内的艺术情趣。它的风格相对于南方来说要艳丽一些。

陕西、山西、河南等中原区域，居住建筑以晋陕民居大宅、窑洞民居为代表。晋陕民居平面布局多为“一正两厢”，大院形同城堡，山西乔家大院、王家大院、陕西韩城党家村都是区域内著名的大型宅院组群。晋陕宅院的大门、二门，分割院落的牌坊门楼是全宅的艺术表现重点，木、砖、石三雕俱全。有的宅门还立匾题名，如“进士第”“和为贵”等，以显示门第的高贵，增添了宅第的文化内蕴。在色彩上，晋陕大院不那么明净，灰黄而单调的瓦楞，灰青而令人窒息的砖墙，黑漆的门窗和柱，显得有些沉重而闭塞，一些商贾富户的大门装饰往往有点堆砌，失之繁缛。雀替、挂落处的木雕作品很多是北方民间艺人的雕刻精品，风格古朴，形象突出，与南方工艺相比，又略显粗犷。

西部地区的窑洞一般可分为平顶式、靠崖式和天井式三种，也有不少屋是与窑洞混合式，均是利用地形巧妙构成的。窑洞的装饰主要集中在门窗。陕西、山西多为半圆形门连窗，窑洞的窗户装饰都比较讲究，拱形的洞口，将花棂格窗嵌入，里面糊白纸，再贴上鲜红的剪纸窗花。装饰纹样的整体风格浑厚、大方、简练，基本都是由线与象形图形构成的，其中运用最多的元素有梅花、金钱、桃叶、石榴等。在这些充满寓意的装饰纹样中，有各地常见的“五福”“三多”等具有地方特色的纹样，窑洞门头常因有瓜果爬藤、南瓜葫芦、五谷杂粮的点缀而别具风情，更多见大红、碧绿、金黄等色彩装饰，色彩斑斓，土色土香。

吴越地区传统建筑的特色主要体现在屋脊装饰、铺地图案、门窗纹饰等几个方面，使得灵秀吴越的建筑更以一种典

雅、精致、隽永的清纯气息展现在人们面前。这种精致首先表现在建筑的最高处——屋脊的装饰上,吴越地区民居的屋脊,不追求复杂和花哨,重文人气,装饰部分主要集中在正脊中央和两端。普通民居脊饰多用青砖或小青瓦堆砌,也有少数加以各色碎瓷贴于屋脊表面,比较雅致。

少数民族民居装饰更是异彩纷呈。羌族碉房平面呈多角形,状如高大的烟囱直插蓝天,体现了羌族矫健、豪放的性格。彝族民居简朴,在门楣和屋檐下重点装饰,刻绘有鸟兽纹和锯齿形、圆形、卷草纹等连续图案,多层牛角撑弓,独具特色。云南的白族、纳西族等少数民族的民居充分利用当地丰富的大理石和卵石来建造,特别偏爱"三坊一照壁"的住宅结构,也就是平面布局为正房和两间厢房,即三坊,加上一照壁围成的封闭式院落。广西夏季炎热,春有梅雨,出于采光通风和防潮的考虑,广西民居除地面不开窗外,上、前、后、左、右到处都是窗。

统一性

在居住建筑的装饰艺术实施过程中,中国人很早就注意到了要实现以下几个统一:

一是注重居住装饰与外部环境的统一。《易传·象》中提出"裁成天之道,辅相天地之宜",反映了建筑材料与环境的和谐统一。中国人向来注重"天时、地利、人和",崇尚与自然和谐相处。在"天人合一"思想的影响下,中国古代建筑强调与自然的相互协调和融合,善择基址,因地制宜地布局建筑和村落城镇(金夏《中国建筑装饰》)。中国传统建筑中充分利用自然通风、采光,直接与外部环境相关联的外部结构很好地体现了这一点。例如在黄土高原,窑洞建筑有良好的保温、隔热、防风效果;在气候恶劣的青藏高原,不仅运用开窗大小和布幔来控制通风采光,而且采用芦草做外墙,以提高墙体的保温性能;江南园林运用对景、借景的园林手法,将大自然的美与建筑完美结合起来。

二是强调实用功能与装饰功能的统一。中国建筑装饰,任何形态的来源都不是仅仅为美而美的,更是从实质出发的。正如梁思成先生所说,"中国的古代建筑是最善于对结构部分予以灵巧的艺术处理的,结构和装饰的统一是中国建筑的一个优良传统"。所有的装饰手法都是在一个实用的部件上进行的,如额枋的彩画、栏杆上的石雕、窗棂上的刻花,很少会出现凭空多余的装饰。建筑的梁枋是用来承重的,故不能进行深浮雕,否则会削弱其承载力;而沿海地区石牌坊的人物群雕都尽量采用镂空雕,目的是为减少海风的阻力。传统建筑的屋顶多为前后两片,从实用功能上来说,是为了保护土筑的墙、木制的门窗,使屋檐尽可能远挑,将雨水排远。如果将屋面做成弧度,檐处稍加抬高,既可以方便采光,从力学角度看重力可以分散,瓦片还可以扣搭得更紧贴。从视觉上来说,巨大沉重的屋顶变得轻盈了,人们认可了这种既满足实际需要,又赋予美学意义的形制。

三是实现居住装饰与居住小环境即布局、形式、色调的统一。以江南园林为例,其建筑的色彩没有大红大绿,园内建筑从尺度大的厅堂、楼阁,到较小的亭台、门廊,都是千篇一律的白色墙、青灰色屋顶。建筑周围的植物讲究四季常绿,具有鲜艳色彩的花树用得也非常谨慎。与宫殿建筑相比,江南园林

的色彩不追求鲜明和强烈，而强调协调与平和，重在塑造一种自然、幽静的环境，这与古代江南文人的心境和追求是相契合的（庄裕光《屋宇霓裳：中国古代建筑装饰图说》）。

民族性

任何一种文化的产生，都离不开特定的自然条件和社会历史条件。《辞海》中将艺术的民族性定义为："运用本民族独特的艺术形式、艺术手法来反映现实生活，使得文艺作品有民族气派和艺术风格。"在幅员辽阔的华夏大地上，以汉族为主的众多民族共同繁衍生息，再加上丰富的地形特征和气候条件，不同的民族和地区孕育了各不相同、各具特色的居室装饰艺术风格。

例如，各民族建筑中门的装饰特色主要体现在装饰的部位、内容、表现手段、材料、色彩等方面。壮族普通的民居建筑，屋顶正脊中央多安放简单图案造型，如铜钱、脊兽、如意头、葫芦等，正脊两端装饰雕刻花草的盘子向上挑起，造型犹如大鹏展翅，使整个建筑显得轻盈灵巧。瑶族民居建筑屋顶正脊中央多放如意头等吉祥饰物，正脊两端同样安置高高挑起的鼻子，岔脊上安置了各式各样的吻兽雕饰。壮族居民的门本身就是比较简单的门板，它的特点集中在门头的装饰上。这种门头的基本形式是在门的两边砌筑两道突出于墙面的墩柱，然后在大门的上方和墩柱上分别铸造一大二小的屋顶，总体形象犹如一座二柱一开间，顶上有三座顶楼的牌楼门。这种门头很有特点：两墩柱之间安设横枋，枋上为几层斗拱，层层挑出支撑着上面的屋顶，屋顶两头翘起，使屋檐成为一条完整的曲线。在这些梁枋、斗拱上都布满雕刻，并施以彩绘。门的装饰程度自然是随住宅主人的身份和财富而定的，在这些木的构件上雕满了动、植物装饰，其中有传统的龙、凤、狮子，也有民间喜用的白兔、松鼠以及各类鲜果、花卉等。

总之，中国居室的装饰性既具有中国传统审美的元素，也符合现代生态设计理念，体现出古人的智慧、生活态度和审美情趣，也反映了古时人们祈福纳祥、向往美好生活的心境和愿望。

民居装饰的特点

朴实淡雅

朴实淡雅是中国民居的重要特点，恰如李白所谓的“清水出芙蓉，天然去雕饰”。传统民居的室内屋顶绝大多数都不吊天花，而采用“彻上露明造”的手法，即暴露梁架结构和檩椽望砖。楼房底层天花也大都暴露阑珊板结构，仅适当地做一些线脚装饰。外墙往往是清水砖墙，墙面不抹泥灰，露出砖结构。木装修的外檐一般不涂染料，仅在原木上刷上桐油以防腐防潮。外观朴素而不陋，不拘成法，因地制宜，从中可以领悟到先民简洁洗练、不修华饰的清雅恬淡。

装饰华丽

朴素的风格之外，传统民居也不乏装饰精美的，但艺术效果都以典雅为上，不俗不艳。在大型民居中，也有华丽奢侈的建筑案例，可以说是“芬芳染矣，糜汰臻矣”。取材宏大的梁架，上面雕刻精致、花色繁复的栏杆，装饰细腻。门楼等处的砖雕就像商代的青铜器一样“错彩镂金，雕馈满眼”。尽管如此，由于“法式”(指宋代的《营造法式》)、“则例”(指《清工部工程作法则例》)的规定，不允许民居像官式建筑如宫殿、陵寝、寺庙、府邸那样漆涂彩绘，所以装饰雕刻均以素色出现。远看十分沉着，近看不失细节，耐人品味。尤其是江南、皖南民居，砖雕与木雕浑然一体，实墙与飞檐交相辉映，丽而不艳，清新隽永。

丽而不俗

装饰面大而又不俗，是不容易的。有的民居处处装饰，从外墙、额枋到屋顶，以及门窗都有细部雕刻，给人以浑厚纯朴。刘熙载的《艺概》说：“白贲占于贲之上爻，乃知品居极上之文，只是本色。”“贲”的意思是装饰，“白贲”则是绚丽斑斓又归于朴实。建筑从没有装饰，到华丽装饰，再又回到平淡素静中去，经过了一个漫长的发展过程，最后达到最高的美的境界，也就是“白贲”。白贲的最高境界就是我们要追求的较高的一种艺术境界。

六 居住与风水

风水，即“藏风得水”之说。从生态环境的角度看，风水学中蕴含的科学道理是值得我们了解、利用的。它蕴含了丰富的生态感悟，体现了中国人“天人合一”的人居理念。依据风水学原理选择一个好的居住环境，会使人身心愉悦，从而达到福寿康宁的目的。中国传统古建筑中，威严宏伟的紫禁城、古色古香的乔家大院、温婉灵秀的徽州民居，这些充满中国特色的古典建筑，在选址和布局上，无不深受风水学说的影响，寄托着居住者美好的期待。

风水，较为学术性的说法叫作"堪舆"。堪舆是指研究天道、地道之间，特别是地形高下之间的学问。堪是天道、高处；舆是地道、低处。"风水"一词最早见于晋代郭璞所著的《葬书》："气乘风则散，界水则止。古人聚之使不散，行之使有止，故谓之风水。"这是有关风水的最早的定义。那么，风水又是如何产生的呢？

风水术来自形成于殷周的《周易》，是一门用于协调人与自然环境、山川草木乃至天地万物关系的环境科学。不仅是汉族的居住习俗，蒙古族、纳西族、白族、满族等少数民族的居住习俗也都受风水理论的影响。

中国历史时期的主要社会形态是农耕社会。在这种以小农经济为主的情况下，生产力水平较低，且人们改造自然的能力有限，自然条件几乎对农业生产起着决定性的作用。因此人们需要合理地选择有利的自然环境，利用自然，因地制宜，从而更好地进行农业生产。对于居住环境也是如此，人们希望在处理人与环境的关系时，求得与天地万物和谐相处，使之达到趋吉避凶、安居乐业的目的。人们的这种思想在长期的实践中逐渐形成了系统的关于"环境选择"的理论，这就形成了我们今天所说的风水。

风水术选址和布局的方法分为两种：形法和理法。形法又叫"形势派"，是在空间形象上的考量，指对周围的环境进行考察，根据山水、树木、土壤、道路等因素评估环境，从而找到合适的居住地。理法又称"理气派"，是在时间序列上进行分析，试图从古人关于宇宙认识的理论出发，注重阴阳五行、干支生肖、良辰吉日，以确定住宅的位置、形态以及建宅时机。

古代的风水术中着重阳光、水分、空气等人类生存的基本要素。

古人常讲“风水宝地”，可见水对于居住选址的重要性。对于传统的农业社会来说，从农业灌溉到生活用水，乃至渔业、运输、景观设计，水的作用都不容小觑，所以堪舆理论中“山管人丁水主财”的说法不无道理。郭璞所著《葬书·内篇》谓：“风水之法，得水为上，藏风次之。”这就说明了“水”这一要素在风水中是不可或缺的。

“水”在风水观念中与“财”是紧密联系在一起的，堪舆理论认为“水流代表财运”。古书上说：室内的阴沟，宜暗藏，不宜显露。沟渠排水宜顺地势，屈曲而出，则气不流散。若直泄前去，则财不聚。意思就是家庭排水最好是地下排水，并且排水要顺着地势的高低自然排放，同时水流要屈曲环绕，渗入地下，这样财气就不会流散。

而水的具体要求，在周景一的《山洋指迷》一书中记有八项：一曰眷，去而回顾；二曰恋，深聚留恋；三曰回，回环曲引；四曰环，绕抱有情；五曰交，两水交会；六曰锁，弯曲紧密；七曰织，云意如织；八曰结，众水会潴。

关于居住地的选择，通常“背山面水”为风水宝地。背山就是为了避风，为什么要避风呢？“外山环抱者，风无所入，而内气聚。外山亏疏者，风有所入，而内气散。气聚者暖，气散者冷。”意思是说，四周有山环绕的地方，风就进不来，气是聚合的，因此保暖。而北面有山，可以阻挡西北方向的寒冷空气，使得该地方的小气候保持温暖，适宜人们居住。

但是风水不是要避开所有的风，关于这一点，清朝的何光廷在其著作《地学指正》中叙述了一种说法，认为在平原地区

本来并不畏惧风，但是风有阴阳之别。从东面、南面吹来的风是阳风（即暖风），这种风对人体无害；而从西面、北面吹来的风是阴风（即寒风），这样的风就需要有墙壁遮拦，否则寒风吹来，对人的身体健康不利。可见避风是只避西北方向的寒风，不避东南向阳的暖风。例如北京四合院的大门开于东南角，除了方便排水之外，同时也是为了把温暖的空气引到住所里面去。这对自己的居住条件能够起到改善的作用，这种较为温暖湿润的空气吹进去以后，夏天可以降低气温，冬天不至于太冷太干燥，所以对于居住是有利的。

选　址

古村落的发展是社会、经济、文化、自然等因素影响的综合作用，村落选址的好坏关系到人们是否能够合理地利用自然、趋利避害。好的选址与布局，能使人们的生活与农业生产达到事半功倍的效果。

地势

关于村落地势的选择，堪舆学有专门的方法来勘察地势，《地理五诀》一书中就专门提到了利用风水术进行选址，包括觅龙、察水、立向、点穴、观砂五种方法。

“龙”是指山脉，“觅龙”就是观察山脉的起伏和走向。一般来说，村落建于山脉南方，不仅有利于采光，还有利于阻挡来自西北方的寒冷空气。“察水”是指观察水势的走向和形态，什么样的水口是最好的呢？一般认为流水屈曲环抱，并且水不容易流走最为理想。古人云“山环水抱必有气”，说的便是理想的居住环境离不开山和水。“立向”，顾名思义，就是为选址定好方向，无论是村落的定向，还是住宅的定向，坐北朝南都是最理想的。坐北朝南，有利于采光与避风，向阳的居住环境更有利于人们的生活。“点穴”是指在勘察地形水文的基础上，选取一个最佳地点，作为居住基址。“砂”是主山脉的一个分支，即附近的小山，尤其是指围绕“穴”周围的小山丘。小山丘同主山脉一样起着避风挡寒的作用。风水中的“观砂”之法，是需要大量实地堪舆经验和理论知识才能掌握的。观砂过程中含有大量需要用经验和眼光判别的风水阴阳玄机，故对观砂者要求很高。

通过以上五种方法，选择出的风水绝佳的地点称为“四神之地”，即“玄武垂头，朱雀翔舞，青龙蜿蜒，白虎驯俯”（郭璞《葬经》）。这种构图说的就是坐北朝南，好处是保证日照的同时又避免了“西晒”，北面有群山，以山为屏蔽，阻挡寒风；南面有远近的小丘与之相呼应，小丘的周围有群山环抱，层层护卫；西面有蜿蜒曲折的流水；东面有宽阔的大路，便于交通。村落位居中央，村落前有水流，有宽阔平坦的土地，此为“风水宝地”。按照现在生态观念来说，这种布局可使整个村落保持适宜的温度、湿度以及日照，达到生态健康的目的。

水势

风水学说认为，水和财是相通的，良好的地理条件离不开山，同样也离不开水。村落选址中很重要的一部分是对水的选择，水作为生命之源在风水中的作用同样至关重要。对于水的选择和改造，皖南古村落宏村便是一个典型的例子。宏村的布局是“枕山、环水、面屏”，形成一个相对封闭的环境，背靠山石所以遮挡冷风，面水所以利于生活，错落有致的马头墙不仅使房屋迎风纳气，调节局部环境的舒适度，还可以获得良好的景观效果。黑瓦白墙、飞檐翘角的屋宇层叠有序。古村落内部的整体布局和谐流畅，村内建筑不仅规划严整、排序井然，而且不同功能的建筑布局合理、层次分明。在整个村落的布局中，最大的亮点便是宏村发达的水系。

宏村的理水观念，强调人不能离开自然环境，要达到和谐共处，就只能适应、择优利用自然环境。其中对于水系的选择与改造，充分显示了古人的智慧。在徽州，水运是徽商的命脉，宏村也是如此，宏村沿溪布置，临水而建，这种充分发挥水系作用的设计，不仅方便了居民取水、用水，同时对于贸易集散，运输物资也十分有利。

受传统的风水理论影响，宏村的水系设计讲究“有借有还”，形成活水的循环，上游引水清澈干净，在村落中禁止随意排放污水，最后将水集聚于村头水口再还给河流。而谈到水的改造，就不得不提及堪舆大师何可达。南宋时期迁于宏村的汪氏家族为了解决宏村环境的缺陷，于是请何可达到宏村勘察。何可达利用十年时间研究宏村的布局结构，最终在明永乐年间动工改造宏村水系，将村中一眼天然泉水改造成一个牛胃形状的水库，名为“牛胃月塘”，同时在牛胃两端开挖出一条水圳，同时引进村西溪水。弯弯曲曲的水圳在村内绕行，流经村庄的每一户人家，方便了各家各户的用水。水是活水，四通八达，所以经年不衰，至今宏村仍保留着这古老的水系，滋养着当地百姓。

“牛胃月塘”不仅满足了居民的用水，同时对宏村村落的小气候也起到了调节作用，使得宏村的气候相对温和，空气湿润。人工水系是实用和艺术的完美结合，其艺术性又是如何体现的呢？

宏村“牛胃月塘”

“牛胃月塘”的建成以及村内水系的完善，为宏村这个美丽的古村落增添了一丝古典的韵味。错落有致的徽派民居、色彩和谐的粉墙黛瓦倒映在水中，淡雅灵动，波光摇曳，不得

不说，这就是宏村水系的独特意境。宏村的美，离不开对水的选择和改造。

生态环境

生态环境的选择，其实就是为了达到人与自然万物的和谐共荣。堪舆师常常以生态环境作为村落选址的一个重要因素，通常为村落选址不仅植被要茂盛，禽兽也要繁多才好。人的生存与动植物有什么关系呢？从生态的角度考察，其中的道理是不言而喻的。如果一个地方草木凋零，禽兽离散，那么土壤必然贫瘠，水源必然缺乏，因此对于传统的农业社会来说，村落的选址离不开土壤、水源这两大要素。如果生态环境不好，动植物的生存都很困难的话，人类的生存必定是个难题。因此，在风水学中，生态环境的选择是必不可少的。

如何判断生态环境的好与坏？一方面，植物生长的好坏与土壤的优劣是紧密联系在一起的，草木欣荣，说明土壤肥沃，农业便可发展，植物茂密的地方空气湿润，气候不会太燥热，温度与湿度适宜；另一方面，动物生长的好坏与水资源的多少是密切相关的，飞禽走兽生命繁盛，说明水源丰富，同样有利于农业灌溉和渔业的发展，这种生态环境能够为人类的生存带来活力。这就类似于今天我们所提倡的人与自然的和谐相处。

理想的生态环境意味着土壤肥沃，水源丰富，便于人们的生产生活。物资丰富，草木欣欣向荣，鸟语花香，令人心情愉悦。良好的生态环境从物质和精神两个方面满足了人们的需求，不得不说村落的选址少不了对生态环境的选择。住宅也是这样，气息相通的前提是有两个以上的事物存在，所以住宅必然要在一定的植物环境中，特别是它们在提供给我们氧气的同时，也在改变着我们与自然的关系，减少来自外界的嘈杂混乱，给人以宁静的环境。

现代的住宅如何做到人与自然的和谐呢？从规划上看，从总体布局、房屋构造、自然能源的利用，到节能措施、绿化以及生活服务配套的设计，都必须以改善生态环境、提高人的生活质量为目标。另外，在环境设计上要注重发挥绿化的作用，因为绿化在防风、防尘、防噪声、降温、消除毒害物质，甚至是消除精神疲劳等方面都有着不可小视的作用。

地质

地质的好坏，直接关系到建筑地基是否稳固，同时好的地质有利于居住者的身体健康。因此古人在进行村落选址勘察时必然要判断土壤优劣。这与现代建筑施工之前要进行地质勘查钻探地基的出发点是一样的。

对于如何判断地质优劣，堪舆理论做了详细的阐释：优良的地质地盘坚固，土壤纯净，砂石含量较少，一般是红色或黑褐色的土地，略带酸性的土壤有利于植物生长；而劣质的土地一般包括潮湿之地、干涸土地、不洁之地。过于潮湿的土地，例如沼泽之地，不利于建造地基，容易发生危险，同时潮湿的地方容易滋生细菌，对人们的身体健康也是不利的；而过于干涸的土地表明缺乏水源，不利于人们的生存；不洁之地包括粪场地、乱葬岗地等。这里细菌丛生，排水不畅，对身体极为有

害。有地下矿藏的地方,也不建议作为居住地,可能免不了总有一天会被人们开采,一旦矿业兴起,人们的住宅就会遭到破坏。而如果住宅处于地质松动的断层带或者火山带也是不安全的,因此在进行村落选址时进行地质勘查是有其科学依据的。

堪舆理论认为地质决定人的体质,地质对人的影响包括以下几个方面:一是土壤中含有有害的微量元素或放射性元素。传统风水观认为如果人们生活在含有微量元素的地方,那么人们就会贫穷并且多会发生迁徙的现象,因为含有微量元素或者放射性元素的地质不利于人们的生存。二是潮湿的地方。潮湿的地方除了不利于建造房屋地基之外,也不利于居住者的身体健康。潮湿之地意味着容易滋生细菌,容易导致皮肤病等病症,而潮湿之地寒气太重,也会造成关节炎、风湿病等病症的产生。三是地下水流与暗河。地下暗河的存在同样不利于人们的身体健康,如果地下三米以下有河流或者坑洞等复杂的地质结构,就会放射出粒子流或者长振动波,导致人产生眩晕、头疼等现象,所以这种地质是非常不利于人类居住的。四是磁场环境。磁场的作用有两个方面:一方面,有些地方的磁场可以为人治病,而有些地方的磁场则会使人身体不适。因为地球本身就是一个大磁场,虽然人们感觉不到磁场,但它无时无刻不在对人产生磁场作用。接近磁力涡旋地带是不利于人们居住的(孙景浩、孙德元《中国民居风水》)。

古代的堪舆理论中有关地质选择的理论大部分都是科学的,有不少内容是值得我们学习和借鉴的,为了居住的和谐、住所的稳固安全,建造房屋之前可以参照堪舆理论进行地质勘查来选择住址为好。

外部环境

良好的住宅外部环境有利于营造一个适合人们居住的场所，从而达到趋吉避凶、平安健康的目的，这也是千百年来堪舆师都格外注重住宅外部环境的选择的原因。按照堪舆理论，住宅建造所追求的四周环境要蓄气、藏风、得水，才适合人类居住或进行农业生产。

中国天人合一的宇宙观为堪舆理论提供了充分的哲学基础。古人认为，选择住宅时，要把住宅周围的环境看作一个生命系统。例如《黄帝宅经》有一种把住宅拟人化的说法，意思就是说选择住宅时要把地势当作身体，把泉水当作血脉，把土壤当作皮肉，把周围的草木当作毛发，把房屋当作衣服，把门窗当作帽子和衣带等。把自然当成与人一样拥有生命的存在，那么居于其中，才是吉祥的。受这种理论的影响，中国人住宅选址首先重视住宅的外部环境，然后才讲究内部结构。如果外部环境不好，内部结构再好，也是无用的。

那么住宅的外部环境包括哪些方面呢？又如何根据堪舆来判断环境的好坏呢？

布局

住宅的布局,包括住宅的功能分区、形状,住宅和河流水系,住宅和周围道路以及其他的公共设施等方面。从风水方面来看,住宅的布局不仅是为了满足人们的生活需要,同时也是为了满足人们的精神需要。

住宅的布局,要围绕着“气”来进行,房屋有一个好的气场,方能对人类的生产、生活有最大助益。这些“气”包括“地气”“门气”“冲气”“峤气”“空缺之气”。

“地气”指的是来自宅基的气。住宅的房基要稳固,地基的土壤要干湿适中,对人才是有利的。

“门气”对于住宅而言也很重要。我国传统环境观念的重点在于门面,住宅立门的目的在于让天地间的气能够进入宅居,门是住宅的气口,不只是为了通风,门的作用还包括安全、采光、交际、交通等。在选择大门朝向时,要“开门纳气”,同时也要将进入宅居的气环绕聚集在屋内,这种方法,叫作“藏气”。

“冲气”指的是住宅外部的道路对住宅的影响。道路密集,过于喧哗不说,对于居住者的安全也是不利的,这种影响,叫作“路冲”。因此,在选择住宅时,既要考虑交通便利,也要避免外界造成的干扰。

“峤气”指的是周围高大建筑合围所产生的气,周围高大建筑密集,会使居住者产生压抑、紧迫之感;围合适度的话,既能保暖,又不会使人压抑,还可以通风。

“空缺之气”指的是住宅内外的围合中空缺处给人带来的

感觉，适当的空缺使人感到舒适。

根据堪舆理论，中国传统的民间住宅布局的要求主要有：一是住宅要北房高、南房低，这样的布局有利于采光。南向的门窗多，北向的门窗少，这样既可以挡寒风，又可以纳阳光。二是地基西北高、东南低。因为大门一般设在东南角，这样有利于排水。三是住宅周围要有道路，但不可太多，交通量要适当，否则会受到外界的干扰；同时住宅大门不可直冲大路，避免危险。四是住宅周围的流水不能直冲住宅，要弯曲绕行，河流的左岸易侵蚀，右岸易堆积，住宅选在泥沙堆积的右岸，泥土更肥沃，同时也更安全。

朝向

堪舆理论认为住宅大门的朝向最为重要，一般坐北朝南，八卦中的离（南）、巽（东南）、震（东）为三吉方，其中以东南最佳。我国的建筑为什么讲究坐北朝南呢？从文化背景来讲，这与《周易》思想密切相关。“圣人南面而听天下，向明而治。”所谓“向明而治”，就是“向阳而治”。古圣先王坐北朝南面向光明的阳光而治理天下。南面，意味着皇位与权力，其实，住宅坐北朝南而建与中国所处的特定地理环境有关。我国处于北半球，一年四季阳光都从南方射入，这就决定了人们采光的朝向，进而形成“面南”的意识。而风水中的“面南而居”理论，就是这种受地理环境影响所形成的文化模式。

此外，建筑坐北朝南还有一个原因，由于中国境内大部分地区冬季盛行偏北风，夏季盛行东南风，也影响了建筑“坐北朝南”模式的形成。堪舆理论认为，不周风（西北风）、广莫风

（北风）、条风（东北风）是使人致病的因素，对人伤害极大，因此在建筑中为了避免来自这几个方向的风，将建筑设计为坐北朝南的样式，将大门开在东南角，有利于接纳来自东南方的、对人体有利的温暖的风。

关于这种理论，南宋的医学著作《女科百问》上有这样的论断："风乃阳邪也，冷乃寒气也，风随虚入，冷由劳伤。若劳伤血气，便放虚损。寒于经络，气备凝滞；寒于腹内，则冲气亏损，不能消化饱食，大肠虚则多痢，子脏寒则不生，或为断绝，或为不通，皆不逃乎冷之气也。"这说明了寒气入侵会导致各种人体疾病，因此为了避开寒气，住宅选择坐北朝南是有道理的。

堪舆理论中有许多对河流与道路形态的吉凶论断，这些论断对于我们今天住宅的环境选择也具有参考作用。在今天的城市之中缺乏山脉、水路等，因此道路的选择就变得极为重要。关于道路的堪舆理论主要包括以下几个方面：一是古人云"门前开阔，钱财多多"，主张住宅前的道路要开阔，事实证明，除了考虑财源因素，宽阔的道路也能使人心情舒畅，因此是有益的。二是住宅不宜建在道路尽头。这种格局容易发生交通事故，因此是有害的。三是住宅的两边如果有两条道路相通，一端呈锐角三角形，被称为"剪刀煞"格局，这种格局同样容易导致交通事故和堵车。四是住宅不宜靠近高架桥和高速路。在车辆高峰期，车速引起的气流速度远大于人体的气血速度，会影响人体气血的正常运行；同时这些地方的环境比较嘈杂，居于其中，会使人心浮气躁，因此不利于人体健康。

周边环境

住宅的景观选择，主要是以自然景物为对象，如池塘、山石、树木等。人们的生活总是离不开植物环境，城市化让人远离了土地，植被面积越来越少，家居住宅也是如此，植物的光合作用能够吸收二氧化碳，放出氧气，供人类呼吸，同时又可以防风、防尘、隔绝噪声。因此风水上树木种植的总的原因是为了舒适，并且由此减少来自外界的嘈杂混乱，给人以宁静的环境，例如宅前面对公园、绿地等植物较多的地方会使人心情平静。

住宅周围有树木有益于人的身体健康，但树木又不可太多，并且树木的位置要有讲究。例如传统风水观念认为在大门前不可有大树，特别是枯树，因为大树在门前不但阻挡阳光、空气进入屋内，使得屋内的阴气不易驱出，同时也阻碍了屋内人的视线，使人压抑，不利于人的身心舒畅，所以大门旁边应该选用一些低矮的灌木。

对于住宅的景观选择而言，住宅面对高山或者高楼也是不吉利的，门前有高楼遮挡，气流会受阻，明堂不开阔；住宅不宜“开门见山”，因为开门见山会使人产生挫败感和压抑感，这种消极感不利于住宅主人的运势发展。

中国社会家庭群聚性特征比较明显，东方民族要求人与人之间和谐相处，因此不可以将住宅独立于集体住所之外，风水学说主张居住选址时，要选择社会环境好的地方；提倡聚居，不主张独居，并且认为土地深厚、人烟团聚的地方才适合居住。

形状

住宅基地选择的另一重要因素，就是对宅基房屋外形吉凶的判断。《雪心赋正解》认为："形者，气之著；气者，形之征。气吉，形必秀丽、端庄、圆净；气凶，形必粗顽、欹邪、破碎。"说的就是，气是形的内在构成，形是气的外部表现，住宅的外部形状秀气雅致，住宅的气就是流畅吉祥的。

中国的住宅一般忌三角或不规则的形状，中国人讲究方正、圆满、完整、规则、对称、平正，认为建筑也应当保持方正，不宜有盈缺歪斜，造型怪异，这是东方文化的发展规律。传统堪舆理论认为，不好的房屋格局是不吉利的"宅相"。房屋南北狭长会使房内阴暗，冬季日照面积少，活动不便等。而不好的方位格局和凹凸设计也会导致室内装修结构走向的不合理。室内角落里阳光照射不到会导致阴暗潮湿、细菌滋生。

内部结构

按照风水学说的观点，住宅的外部环境要讲究前有明堂，后有靠山，对于室内环境而言，从沙发、床铺到门窗、盆栽等，也要求主体的前方形局完整、后方有靠山的布局，强调"人身小天地"的观念。

门窗

中国风水理论也极为重视室内的房门设计,认为居室之内的两扇门不可以直接对应,重叠平行。门相冲在传统风水中是一大禁忌,特别是认为卧室的门不能正对大门,因为空气从大门直接进入卧室,风速会超过人体血液流动的速度,对身体不利。事实上,卧室门正对着大门,不具备私密性,不利于保护隐私,从心理的角度来说,会使人产生不安全感。另外门的大小也有要求,通常大房间开大门,小房间开小门,避免不协调之感。门过大或过小都是不好的。一般来说,门和宅的搭配看起来合乎比例就是恰当的。

门的样式有禁忌。由于卫浴门在家居中有特殊功用,因此,卫浴门的样式不宜与房门特别是卧室的门设计成一样的,特别是浴室与卧室距离很近时。实际上,客人可能会因上卫浴间而误进卧室给主人带来不便,因此房门与浴室的门最好避开相同的样式或材质。

那么窗户又有哪些规范呢?窗户是住户与外界保持适度距离的一个纽带,同时住户又能够获得隐私空间与安全感,如此达到和谐统一。一般来说,家中不可开太多窗户,否则象征“财气”的气流就会散,对主人家不利,所以当家中窗户过多、过大时,可用窗帘阻挡气流的流散,并尽量少开窗户。另外,窗帘也起着安眠的作用,布窗帘能给人带来安全感,并且能阻挡外界的不良影响。如果背向窗而坐或头向窗而睡,易神经紧张,不易安睡,但是挂厚实的窗帘,在一定程度上能够减少这种不利的影响。

客厅

客厅是家人起居活动、迎宾待客的场所，客厅代表着主人的形象与品位，因此客厅的装潢设计、色彩搭配、家具摆设等等都非常重要。

在我国的传统观念中，客厅的设计应当注重“和”与“福”，有了祥和的气氛，从风水来看就是有利的。一般来说，客厅的设计要明亮、整洁、温馨并且充满活力。

那么，现代风水中关于客厅的布局要求主要有哪些呢？一是天花板宜高不宜低，色宜轻不宜重，灯宜方圆忌三角。二是为了给客厅增添生气，在客厅中宜摆设吉祥的物品，如牡丹花等。另外在装修上也应选择温暖的色调。三是客厅不宜采取不规则设计，否则不利于采光，而且会阻碍空气在房间内的流通。四是客厅不宜摆放尺寸过大的镜子和玻璃，以免产生尖锐之感，使人不适。

卧室

卧室是养精蓄锐的地方，风水理论认为，人处在睡眠状态时，人与房子气场互动最敏感，因此卧室的设计应当舒适宁静、利于休息，同时应考虑位置、通风、采光等。房门不宜与卫生间、厨房门相对，避免异味、潮湿、噪声。

风水理论同样涉及室内的布置。如对安放床的具体要求是：“凡安床当在生方，如巽门坎宅。”就是说，在一栋房子当中，应把床安排在生气方位，即东南方（巽位）。安床之法，要根据房门来调节。一般来说床要坐煞向生，就会吉利；同时床不宜与房门相对，最好使用屏风作为隔挡。屏风是挡住气流的家具，同时也具有遮挡隐私的作用，有了屏风，既能保护主人的隐私，又能挡住门外直冲而来的气流，气流从两侧出入，就自然使之迂回往复了。

从健康的角度出发，床应当南北朝向摆放，这样顺合地磁引力，人易入眠，睡觉质量高。床头不可朝西，地球由西向东自转，会使人睡不安稳。床也不应在大梁之下，尤其对身体虚弱的人来说，横梁压床会使人有压抑感。假如顶上有直射灯照，会使人情绪紧张，头晕目眩，坐卧不宁，进而有损身心健康。

另外，要避免梳妆镜或衣柜镜正对着床。因为镜子有反射作用，夜里起床照到镜子后会产生不安全的心理，夜半容易被惊吓，不安宁，长期这样，会影响睡眠和健康；而卧室的墙尽可能不用玻璃、金属等材质，这样的话易于墙体呼吸；在色彩运用上，卧室的整体色调偏暖为佳，灯光也要尽量柔和，室外的光线也应避免太强，否则也会影响人的睡眠和休息。

家居植物

植物是自然环境的一部分，它可以调节空气湿度、净化空气。不论是传统住宅对植物的喜爱，还是现代人们将植物作为空间设计重要元素来对待，其实都体现了植物在人们住宅中的重要地位。植物象征着“生生不息”，可以绿化环境、调节身心。植物本身的生气和活力，能使住宅充满生机，人们心情

愉悦，因此也是居家不可或缺的一部分。

按照传统风水观点，家中的植物选择阔叶植物为佳，以利于化煞求旺，而不宜选择尖细带刺的植物，如仙人掌等，这些植物是不吉利的。事实上，虽然带刺的植物可能会伤害到人，但认为细叶子、带刺的植物不吉祥其实是没有科学依据的。

植物的摆放必须要与空间配合，一般来说，书房摆放象征文人的竹子，而卧室内的盆栽不可过多，也不可种植大树或大叶植物等。一切以摆放适当为原则，最好不要让植物阻碍视线。

装饰物件

“山管人丁水主财。”受这种观念的影响，一般人们会在家中摆放鱼缸以求得源源不断的财富，而鱼缸的摆放又有讲究。风水理论认为，鱼缸应当摆放在空间较大的地方，例如客厅。而卧室和书房是不宜摆放的，主要就是因为鱼缸是流动的，会使人精力分散，不利于学习和休息。

门墩儿是北京四合院门前比较常见的风水装饰物件，分为狮子型、石虎型、抱鼓型、箱子型等。一般来说，民间最普遍使用的就是狮子型门墩儿。门墩儿的作用主要有装饰、避邪、镇宅以及支撑等。以狮子型门墩儿为例，大多数的四合院习惯在门框两侧放置一对石狮子门墩儿，或蹲或站，形态各异。人们之所以多选择石狮和石虎守门看户，是因为狮子和老虎象征着威严凶猛，不畏惧任何禽兽，有它们看家护院，野兽鬼怪就不敢进入宅门。而狮子的形态不同，象征的意义也不同：小石狮子的形态活泼可爱，是一种喜庆有余的象征；有的门墩儿上卧着一大一小两只狮子，是“世世同居”之意，因为“狮”谐音“世”，而小狮子卧于大狮子胸前，又有“父慈子孝”“和谐美满”的吉祥寓意。

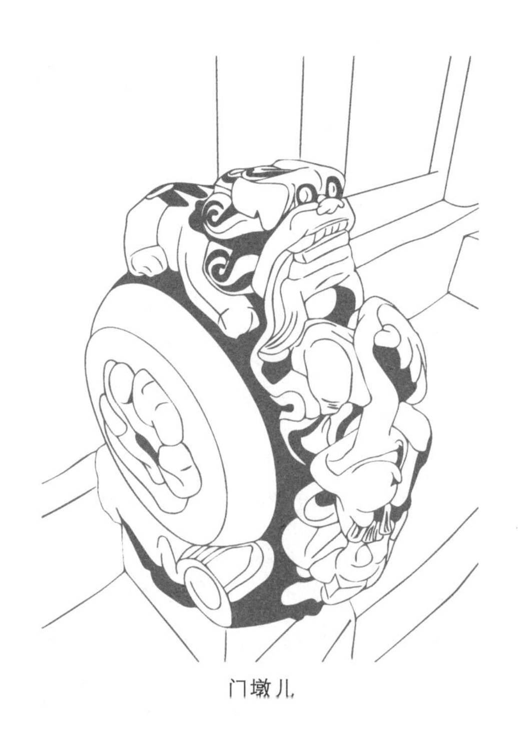

门墩儿

整体格局

以四合院为例，来阐述民居格局中的风水元素。四合院是一种典型的北方住宅形式。“四”代表东西南北四个方向，“合”是团聚的意思。四合院中的格局是四周建房，中间为空地。北京四合院按南北中轴线对称设计，中轴线上建正厅正

房,左右为东西厢房,附属房屋则位居次轴。轴线上的前段,一般以“前公后私”“前下后上”为原则,把对外的房间与下房放在前头。

北京的四合院建筑,是以民居的形式来体现“四方”观念的典型。传统观念认为:“乾为天,为圆,为君,为父。”“坤为地,为母,为方。”“圆”,象征天上之万象变化不定;“方”,象征地上万物各有定形。在对宇宙结构的认识方面,中国古代最早出现的就是“天圆地方说”。这是由于人们当时的认知水平受限。受这种学说的影响,四合院中间的空地,即“坤”,就是四方的。

而按照五行理论,土居中,所以,四合院中为土地,且正中位于全院的中心。这种观念延伸到建筑上,在一个院子中,四面都建成房,这样,中间自然形成一个四方的院子。院中除了大门与外界相通外,一般没有窗户与院子之外相通,关上大门,四合院内部便形成了一个封闭的小环境,体现了风水上“藏风纳气”的要求。这就形成了整体的和谐。

从空间组合来看,四合院有二进院落,大型的四合院有三进、四进院落不等。二进院落一般在东西厢房南端建一道东西方向的墙,在内外宅之间建一扇内大门(又称垂花门)将内外宅隔开,垂花门内设影壁。四合院中影壁的设立,也不单单限于装饰作用。风水上对气流的要求很严格,认为“直来直去损人丁”,意思是说,气流如果没有任何阻挡就直接进出对主人是不利的。所以四合院的设计,既要保证气的流动,但又不能让气流直来直去。如果正房屋门正对垂花门,那么就会造成气流的直来直去,必使其散。影壁的作用就是使气流从两侧出入,自然使气流迂回往复,所以气流才不会散。这符合

“藏风纳气”的要求。除非有重大活动，否则垂花门一般是不打开的，古时说大户人家的小姐“大门不出，二门不迈”，“二门”说的就是垂花门。

北京四合院的后罩房，除了作为马厩之外，还可依据主人的品位、乐趣种植草木盆栽等，甚至可以作为一个小型的花园，为住宅增添一丝生气。

四合院的院门一般开在东南角上，有什么样的风水讲究呢？《易经》认为巽位是通风之口，风由此与外界相连，东南方位于八卦中的巽位，为通风之处，它就像房屋的窗户，可以通天地之元气。东南方的风进入庭院，可以为北方寒冷的冬季带来温暖。

此外，中国的传统建筑还格外重视排水的通畅与否，四合院的大门设在东南处也有出于排水的考虑。由于四合院的地势是西北高、东南低，因此水自西北向东南流。这样一来，东南角的排水作用就凸现出来。就有利于排水角度来说，院门开在东南角也是必要的。

四合院建筑充分体现了中华民族的智慧，它是协调人与自然、气候、环境的结果。四合院的价值不仅体现在它的艺术价值上，还体现了它为人们遮风挡雨、取暖避寒的实用价值。四合院强调环境对人的影响，并力求营造一个适合人们生活的环境。而这也正是我们今天所追求的目标。

中国传统住宅中还强调天井、厨房、卫生间等外部配套设施的整体和谐，它们或可理解为风水学说在构造上的体现，也可理解为人们在长期生活实践中逐渐优化的生活智慧，相关内容会在“居住与礼俗”章节中述及。

风水是中国一门独特的文化和学说，它实际上是综合了

地理学、气象学、生态学、规划学和建筑学的一门自然科学，其实质是追求理想的生存与发展环境，目的是在处理人与环境的关系中，求得与周围环境的和谐相处，达到安居乐业的目的。

在现代社会，住宅风水仍然有一定的意义。它要求人类在建筑规划选址时，合理利用、调整改造和顺应其建筑生态环境，从而将住宅与环境、资源及人类的活动更加紧密地融为一体。学习风水的知识，对于择居、建筑有一定的意义，对我们今天处理人与环境、人与自然的关系有着一定的价值。

七 居住与礼俗

在中国传统的居住生活中，礼俗是非常重要的。礼俗广泛地存在于居住的方方面面。首先，居住空间的各个部分都有着礼俗层面的含义，从门到客厅，再到厕所，无一不是如此。其次，居住空间的建造过程也是受到传统礼俗限制的。从建造地址的选择，到挖下地基的第一铲土，再到房屋的上梁封顶，甚至是房屋建造完工后的迁居，都有着必须遵守的礼俗。居住在房屋中的人，生活中的每一个环节也都是和礼俗密切相关的，传统节日是礼俗集中展现的时间，一些传统节日需要在居住空间内进行礼俗活动。除了节日活动，居住空间中的陈设和装饰，也随时随地体现着传统礼俗。

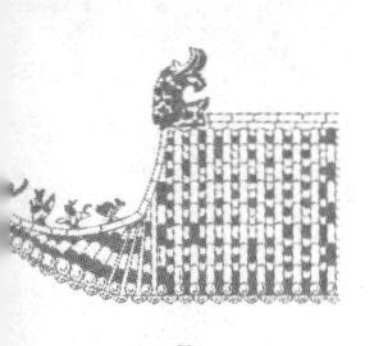

居住空间的布局

在传统居住空间建筑中，房屋的每一部分都有着其专门的礼俗含义。在一个居住空间中生活，必须遵守一定的生活礼仪，了解房屋结构中不同空间的不同礼俗含义。

门

门在中国传统建筑物中有着举足轻重的地位。门，汉语词汇有“门面”“门脸”等，可见在中国传统文化观念中，门和脸面是一回事。对于外人而言，看见一个建筑的大门的同时，也就多少可以了解这扇门背后的故事。因此在等级森严的封建社会，不同身份等级的家庭，居住空间中门的设计也是大不相同的。

旧时的富贵之家、权势之家称为“高门大户”，而身份低微的平民人家则被称为“小门小户”。也就是说一个居住空间中门的规模，基本和一个家庭的身份、地位成正比，身份、地位越高，大门也就修得越富丽堂皇。此外，按照不同的社会等级，在一个居住空间中门的位置选择也不相同。一般只有官宦人家才能把大门安在整套住宅的正中间，普通的平民百姓，是不能把大门放在正中间的，一般家庭会把大门安在房屋的东南或者西南角。

正因为门户相当于一个人的脸面，是传递家庭中信息的重要渠道，因此也承担了“公告牌”的作用，一个家庭有什么重大的事情发生，往往会在大门上做出某种标识。按照传统礼俗，如果家庭中有新生儿出世，就会在门上悬挂标志物，以示增丁之喜。根据《礼记·内则》记载：“子生，男子设弧于门左，女子设帨于门右。”生了男孩在门的左边挂上弓，生了女孩在门的右边挂上佩巾，这是由于在中国传统文化礼俗中，用弓箭来代表男性，用纺织品来代表女性，并且有男左女右之分。新生命降生时需要通过大门昭告众人，当人生历程完结的时候，后代对于逝去长辈的悼念与哀思也要寄于自家门前。在我国北方部分地区，如果家庭中有亲人去世，门前要悬挂“门幡”以示哀思，门幡用白纸制成，按死者岁数每岁一张白纸，男性置门左，女性置门右。在江南地区，家里有人去世的当年，过年时贴的春联不用红纸，而用白色、黄色或绿色的纸以示哀思，张贴时间一年至三年不等。

除了根据家庭生活的变化在大门上做出不同的标识以外，居住礼俗中还有一个重要传统就是贴门神。门神虽不起眼，却最为普遍，旧时中国民间几乎各个地区都要贴门神。根据时代不同，门神有着不同的形象。

门神的主要职责就是守卫门户，保卫家宅平安，防止恶鬼进入门户之中。门神的形象最早来源于神话传说中的神荼和郁垒。到了唐代，神荼、郁垒的门神工作有了新的接替者——秦琼和尉迟敬德这两位唐代著名将领。至于门神从神荼和郁垒变成了秦琼和尉迟敬德的原因，据宋代《三教搜神大全》记载和唐太宗有关。据说唐太宗李世民登基后，总是夜不能寐，梦见有恶鬼缠身。于是大臣们商议让秦琼与尉迟敬德二人每

夜披甲持械,守卫宫门。这个方法果然有效,李世民自此不再有噩梦。但是也不能让两位将军夜夜都守在寝宫门外,为了体恤两位将军,李世民让宫中的画师绘制了两位将军的画像贴在寝宫门外,居然也有着同样的效果。从此,不仅皇宫如此,连民间百姓也将两位将军的画像贴在了自家大门上,以求驱邪除恶。就这样,秦琼与尉迟敬德成为了唐代民间流传最为广泛的门神,至今仍有部分地区在使用。

门神

门神除了"大门门神"以外,还有"屋门门神",贴在室内的门上,大多是贴"麒麟送子"像,画像的内容是两个白白胖胖的娃娃,各乘麒麟。中国传统最重视传宗接代,这种题材的画像,原本多用在结婚的新人房间门上,以取早生贵子的好兆头,由于画面喜庆,后来越来越广泛地用作普通的新年大门装饰品了,岁月变迁,现代住宅中仍然还有使用。

按照传统礼俗,由于门的象征意义,有些重要的家庭大事,要围绕着门来举行仪式,以取得最大的象征效果。

婚礼仪式是人一生中最重要的仪式之一,传统礼俗中婚礼仪式和门有着非常密切的关系。古时女子成婚叫出阁,"阁"是形声字,从"门""各"声,本义指的是古代放在门上用来防止门自合的长木桩,可见"阁"本来也就是门的一部分。因此"出阁"在有的地方也称之为"出门子"。传统礼俗在新婚之日的各项活动,大都围绕着门进行。比如在广东,新娘到了新郎家门前,男方家的妇女用火把烧桃枝,新郎新娘跨门槛而入,以求新人夫妻和睦。旧时女子定亲后,如果尚未出嫁未婚夫便已经去世,女方坚持不另嫁,而为未婚夫守节,被称为"望门寡"。这是封建社会摧残女性的陋习,早已被当今社会所淘汰。婚姻仪式中对于门的象征意义的重视并非只是针对女性,男性入赘到女方家中,民间称之为"倒插门",入赘的女婿称作"上门女婿"。实际上门就是家族的化身,"出阁"和"上门",分别意味着离开自己原本的家族,进入一个新的家族。

由于门有着隔离家族内外的象征性意味,当家族内发生不祥事件的时候,会通过一定的仪式,将不祥之物驱逐出大门之外,以求家族平安。比如家族中有人生病时,祛病消灾的仪式就需要和大门联系起来。在江南部分地区,小儿患病时家里会烧香,点燃几张黄纸燃烧着扔到门外去,表示病邪被挡在门外;或者母亲会用扫帚对着孩子病痛处扫几下,再迅速把扫帚扔到门外,关上房门,借此将病疼扫地出门。

古代的房屋和现代建筑有很大的不同,比如古建筑一般都有门槛,今天的现代化房屋大多没有门槛了。门槛在传统

居住生活中有着重要的礼俗含义。在古代风水学中门槛的作用是阻挡外部不利因素进入家中，有遮挡污物和避邪的作用，特别是把鬼怪拒之门外，以保一家人的平安幸福。门槛还有防止财气外漏的作用，因此越是富贵之家，越是讲究门槛要高，门槛越高，越有聚财的效果。

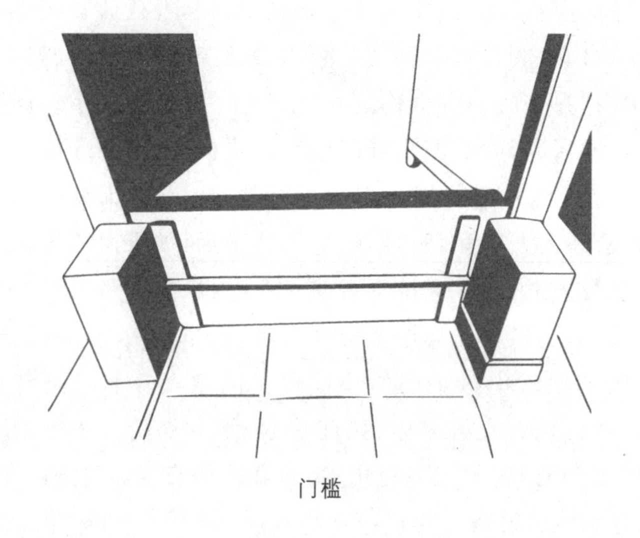

门槛

正因为门槛有上述特殊作用，在生活礼俗中过门槛需要特别注意。中国古代各个地区都普遍认为门槛踩不得。据史书记载，从先秦时期开始，臣子出入宫廷，就绝对不能踩门槛，只能侧身而行，这体现了臣子对天子的尊敬。按照民间风俗，即使是普通的平民百姓家，门槛也是不能踩的。至于不能踩的原因，在民间有说法认为门槛是祖宗的脖子，进出的时候不能踩到门槛，否则就是对祖宗不敬。还有另一种说法认为门槛是自家守护神居住之处，所以不得践踏，有些地区只忌外人踩踏门槛，并不忌自家人踩踏。因此到别人家做客时，要避免踩到别人家的门槛,否则就是失礼了。除了私人的居住空间,一些公共建筑的门槛同样不能踩,比如佛教寺院的门槛被认为是寺庙中供奉神佛的肩膀,肉身凡胎的人是不能轻易踩上去的。

门槛在人们进出的时候,都需要抬腿跨过,是划分一个居住空间内外区域的界线。按传统礼俗,送客时一定要送到门槛之外,目送客人远去;如果只将客人送出屋门,而不送到门槛之外,会被视为失礼。

中国传统择偶观念很重要的一条标准就是"门当户对"。其实"门当"和"户对"都是名词,指的都是旧时民居建筑中大门的两个组成部分。门当的作用是固定门扇,常见的形状是中间粗两头细,类似鼓状。户对一般的形态为圆柱状,长度在一尺左右,像古代女性的发簪一样垂直立于门楣之上。门当和户对上面一般都雕刻有装饰用的图案。这些图案都有吉祥的含义,同时也代表了家庭的社会等级。因为门当和户对的大小、形状和图案花纹,都代表了这户人家的财势和地位,因此"门当户对"就是指男女双方的社会地位和经济情况相当,适合结亲。

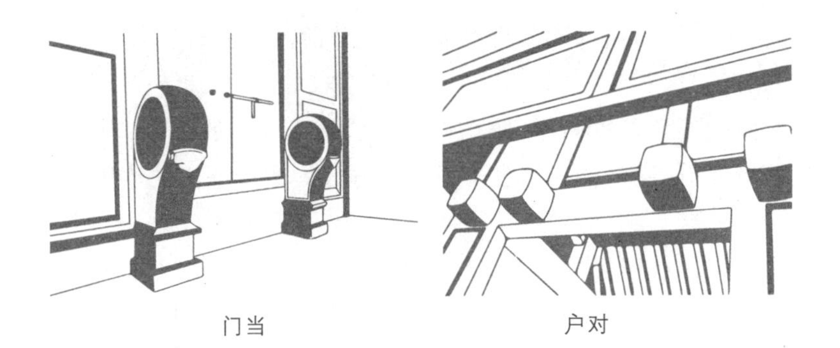

门当　　户对

居住空间的门，除了大门、二门，还有“闺门”。闺门原本并非指女性的房间，而是指城上相对城门而言的其他小门。随着时间的流逝，“闺门”开始泛指宫苑内室的门、府宅中的小门。由于闺门有了内室的含义，渐渐地也开始指女性所居之处。由于闺门和女性的联系，与闺门相关的礼俗，在封建社会也变得非常严格和苛刻。白居易《长恨歌》中“杨家有女初长成，养在深闺人未识”，闺门的作用是将外面的世界和女性完全隔绝开来。这还是在女性地位相对较高、社会风气比较自由的唐代。经过宋、明两代理学的发展，更加把“闺门”变成了女性的“牢笼”。

影壁

古代大户人家的家宅，在大门内有影壁，又称萧墙。成语“祸起萧墙”指事端或祸端发生在家里，比喻祸患产生于内部。传统礼俗认为影壁有挡煞的作用，尤其是对于正对大路的房屋来说，来来往往的车马太多，会影响门户风水，影壁的作用就更加重要。虽然今天看风水之说多少有些封建迷信成分，但是影壁的存在从建筑学的角度看确实有其实用价值。首先，影壁可以阻挡大门外的视线，门外的人不能直接看到家宅内的情景，可以保护家庭的隐私；其次，影壁可以使进入居住空间的气流速度减缓，防止快速气流带走人体的热量，有利于人体健康，这也是影壁多出现在北方气候寒冷地区的原因。

影壁一般来说都有装饰考究、雕刻精美的纹饰，或雕刻“福”字。按照民间信仰，这些图案和文字是用来阻挡恶鬼、驱灾避祸用的，所以影壁又叫作“鬼碰头”。对于影壁上雕刻

“福”字的原因,民间还有一段传说。

影壁

明朝开国皇帝朱元璋在众人辅佐下当上皇帝之后,对过去的功臣心存忌惮,排挤老臣,臣子们颇有怨言。为维护统治威严,朝廷规定了凡有言语犯上者一律斩首,借此堵住了悠悠众口。徽州名儒朱升因为提出“高筑墙,广积粮,缓称王”九字之策助推朱元璋打下江山,深受朱元璋的赏识。有一年春节,朱升为庆贺太平盛世,在宅院大门内砌了一堵影壁,并手书“光天化日”四字。“光天化日”这个成语,古时候的意思和今天有所区别。古时光天指最大的天,化日指令生长万物的太阳,整个成语意指太平盛世。朱升书法出众,四个字的意思又好,引得周围百姓纷纷效仿。当时的丞相胡惟庸素来与朱升不合,看到百姓家家户户的影壁上都写着“光天化日”,知道是模

仿朱升而来。胡惟庸觉得自己的官位比朱升高,而百姓却敬仰朱升不敬自己,心生嫉妒,便向朱元璋进谗言说朱升书写“光天化日”意在污蔑朱元璋。朱元璋不解,胡惟庸说朱升所写的光天是暗指朱元璋曾当过和尚,光天就是和尚的光头可映见青天;化日是指朱元璋曾经依靠化缘维生。朱元璋听信谗言大怒,下旨御林军抄朱升一家。幸好这事被明朝开国元勋刘伯温知道了,刘伯温深受朱元璋信任,又与朱升是生死之交。他向朱元璋说明“光天化日”是歌颂太平盛世之意,怒斥胡惟庸曾经诬陷忠臣良将、扰乱朝纲的种种恶行。朱元璋认为刘伯温言之有理,于是传旨将胡惟庸满门抄斩。百姓爱戴朱升,认为朱升幸免一死是老天降福,因此纷纷将影壁上的墨字“光天化日”改为“福”字。此后,民间建宅立“福”字影壁的习俗,就逐渐流传开来。

今天的现代居民住宅由于空间有限,大多已经没有影壁,但是现代住宅的玄关设计上,往往带有以往影壁的作用。比如家具中玄关柜的设置,可以遮掩视线,避免外人直接看到住宅内全貌,实际上是继承了影壁的功能。

堂、室、房

中国人的住宅历来重视采光。为了更多地获取阳光,古代民居一般是坐北向南的。大型的院落住宅一般以南北纵向为轴,横向按照中轴线左右对称。位于中轴线上的房间中,最南一间为堂,即厅堂;堂后为室,是父母长辈的居所;中轴线的东西两侧为房,是小辈居住的地方。

堂,是体现家庭礼俗的核心位置,也是家长制的精神象征。厅堂是一个居住空间中正对太阳、光照最充足，房屋最大、最敞亮，装饰最华丽的地方，整体风格是庄重的，代表着伦理纲常的权威性。传统文化中形成的和“堂”有关的成语很多，并且大都带有庄严、权威的含义，比如富丽堂皇、冠冕堂皇、堂堂正正、难登大雅之堂等。堂是行为举止都要遵守礼仪的地方，是祭拜祖先、婚丧嫁娶等一系列家庭中的重大仪式活动进行的场所，新郎新娘结婚时参拜天地、拜见父母公婆的仪式就要在厅堂进行，叫作“拜堂”。因为堂是一个居住空间中最重视礼仪和最能够代表权威的位置，所以“高堂”用来指代父母。

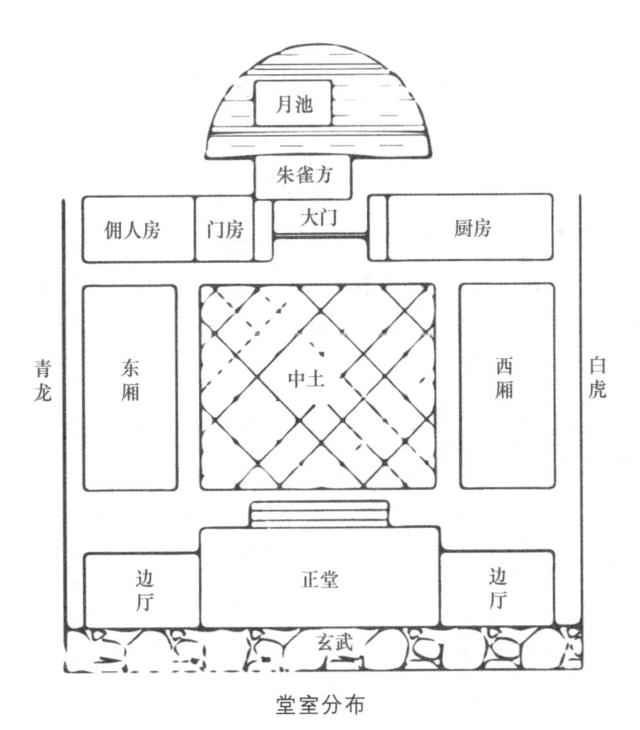

堂室分布

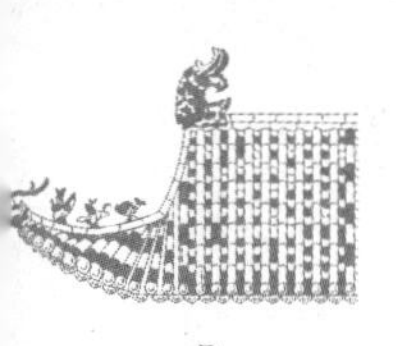

中国古人把和堂一样正面朝南、位于堂后面的房间叫作室，也就是卧室，是家庭中父母的卧室。由于居住空间结构中堂在前，室在后，穿过厅堂才能进入内室，所以后来人们就用“登堂入室”来比喻学问或技能由浅入深，循序渐进，达到更高的水平。室，也称为“寝”，分正寝和内寝，按照居住礼俗男子居外寝，女子居内寝，所以男子死后称为寿终正寝，女子为寿终内寝，指的都是年老时在家安然去逝。

居住空间中堂、室、房各自位置的安排，是家庭中长幼尊卑有别的体现。中国家庭中以父母长辈为尊，因此父母的房间在院落中轴线上，是一个院落中采光最充足的位置。儿子的房间在父母两侧，因为传统礼俗中以右为尊，从父母房间的位置来看，长子在父母右侧，而次子在左侧。

厕所

厕所在古代也称“溷”。溷原指猪圈，从字形结构上可看出，“溷”字是意指猪在圈中的象形字。古时厕所和猪圈是在一起的，早些年在部分地区的农村仍然有这样的房屋布局，现代社会从健康卫生角度考虑，这种设计已经很少见到了。厕所是家庭中秽物聚集的不洁之处，因此古人对于厕所的结构和布置都有一定的讲究。古代风水学中对于厕所风水有着严格的规定：厕所门不能正对厨房，马桶不能正对厕所门，厕所要有窗户并且时刻保持通风干燥，等等。虽然这些说法被风水之说蒙上了一层神秘禁忌的色彩，但是实际上这些规则也是古人从大量生活经验中总结出来的，有效地避免了厕所的有害细菌滋生和传播。

古人如厕有很多礼俗禁忌。比如古人认为如厕时客人来访是礼俗上的大忌,客主都将有灾祸降临。根据《晋书》载,东晋名士郭璞与桓彝交好,郭璞对桓彝提出不能在自己如厕时拜访。一次桓彝突然造访刚巧碰上郭璞如厕,郭璞哀叹自己和桓彝都将不久于人世。不久后二人都死于叛乱之中。当然,这纯属巧合。

就像门有门神一样,厕所也有厕神。关于厕神是谁,历史上说法不一。比较著名的说法是厕神为戚夫人。戚夫人是刘邦的宠妾。刘邦死后,由于刘邦的原配妻子吕后怨恨戚夫人夺走了自己的宠爱,于是命人砍断了戚夫人的双手双脚、挖掉双眼、割掉耳朵,灌下哑药,丢在厕所里,称为"人彘"。后来戚夫人就成为厕神,民间呼为"戚姑"或者"七姑"。

除了戚姑以外,民间信仰中的厕神还有"紫姑"。根据南朝刘敬叔在《异苑》中记载,厕神是一位名叫紫姑的女性,她和戚夫人一样是一名妾室,也同样因为受到丈夫的宠爱被正室嫉妒并虐待,而死在厕所中。这个故事和戚夫人的故事情节几乎是一样的,并且"紫姑""戚姑"发音也有些相似,所以两个传说应该是同源的。那么二者所指究竟为何?

厕神在民间信仰中有占卜祸福的能力。宋代诗人陆游有诗作《箕卜》。根据这首诗的描述,宋代民间每年正月会进行箕卜,占卜的方式是取簸箕饰以女装扮成紫姑,令童子扶箕书沙盘,以占吉凶。

"戚姑"和"紫姑"发音均与"箕姑"接近,所以厕神实际上很有可能源于装垃圾的簸箕。古人对于世界的认识有限,认为世间万物都和人类一样是有灵魂的,并且会把万物的灵魂想象成和人类一样的形态。因此日月山川、草木植物均有神,

甚至连厕所也如是。古时厕所同时也是猪圈,簸箕是其中的常备物品,作为厕所的标志被神化为厕所之神,并赋予了人的形象,至于厕神往往被赋予女性形象,则有可能是因为负责家务、打扫厕所的都是女性。

厨房

厨房是一座民居中不可缺少的组成部分,虽然厨房的面积可能并不大,但是地位却极其重要,因为厨房是生火之处,古人对于火向来是充满敬畏的。火是人类文明的标志,给人带来温暖和熟食,是原始人生产力发展的一个重要标志。但同时火也是古人无法驾驭的神秘力量,尤其是古代中国大部分的住宅都是木质结构的,一旦着火就是一场灾难。

在这种敬畏交织的感情下,火在人的居住空间中一直处于核心地带。在早期生产力有限的条件下,房屋的保暖效果不好,居住在房屋里的人围绕着火烹制食物并烤火取暖,因此火塘成为交流中心。时至今日,一些少数民族仍然保持着这样的生活方式,比如瑶族会围绕火塘聊天娱乐,并且按照男左女右、长者上座、晚辈下座的方式排列参与者。

在少数民族的居住空间中,火塘具有神圣性。火塘的上方是供家神或祖先的地方,因此任何人都不许轻易从火塘的上方跨过,更不能将水泼入火中。汉族地区火塘虽然不常见,但是厨房中,也有着类似的习俗和礼仪。古代灶里的火一般是不熄灭的,不使用的时候,用灶灰掩住火苗,要做饭了,拨开灶灰用稻草把火苗再燃起来。居住空间中不轻易熄灭火源,是有着原始信仰含义的行为。根据万物有灵的观点,古人认为火是有灵魂的，熄灭炉火就是扼杀了火神的生命力，会给家庭带来灾难。这实际上是原始社会生产力不发达时期残留下的行为习惯，早期人类没有便利的打火工具，只能用保留火种的方式保持得来不易的火源。原始人类的生活环境险恶，需要用火取暖或者驱赶野兽，一旦失去火种，可能就会冻死，或者被野兽咬死。对于原始人类而言，熄灭火苗就意味着死亡，即使后来人们发明了便利的打火工具，这种失去火源的恐惧感，也早已深深地印刻在了人们的内心深处。

由于厨房主火的这一重要功能，居住空间中厨房的位置、结构和布置都有着颇为讲究的礼俗规范。首先在规划居住空间结构时，厨房门不可正对着大门，否则家中难聚财气。其次厨厕不可同门或者是门对门，从健康角度来说不卫生。厨房中的布置，灶台要靠实墙，因为灶代表了家庭健康、婚姻和功名，必须要有所依靠。从居住礼俗角度来说，厨房是女性的空间，厨房的地面不可高过厅堂等处，体现的是男女尊卑有别。虽然这是古代歧视女性的落后观念，但是客观上可以防止污水倒流，对人的健康有益处。

和厕所一样，厨房中也有厨房神，也就是灶神。由于早期人们对于火的敬畏之心，最早的灶神是和火息息相关的，因此我国古代奉祀的灶神最早是火神祝融。祝融是炎帝的后代，根据《山海经·海外南经》的记载："南方祝融，兽身人面，乘两龙。"他是样貌颇为狰狞的兽身人面，更像怪物而非人类。因为其形象狰狞可怕，人们害怕祝融的威慑力，渐渐地开始用祝融代指火灾了。

灶神

随着生产力的发展，人们对火的认识逐步加深，灶神的形象，从恐怖的祝融变成了和蔼可亲的老人家。这个老人家不仅外貌和人间的老人并无二致，而且行为举止也颇有烟火气息，似乎是在人间的灶台上住了太久，已经被同化了。在厨房供奉的灶王爷像两旁一般都贴有“上天言好事，下界保平安”的对联，灶王上天向玉皇大帝打报告的说法早已有之，从祭灶的供品来看，人们对灶神敬畏的程度一直在降低。最早的祭拜仪式非常的慎重，还用黄羊、豚酒等牲醴；到宋代发展成用酒将灶神灌醉；宋代以后灶神进一步世俗化，成了被开玩笑的对象，人们在祭灶时使用麦芽糖，意在使灶神上天后说些甜言蜜语，也有说法是要让灶神的牙齿被糖黏住，说不出话来。不论哪种说法，灶王爷都变成了一个非常具有喜剧色彩的神了。

围墙

围墙是分割居住空间和外部空间的界线。欧美国家多数使用低矮、透光的栅栏作为围墙。相比之下，中国传统民居中的围墙一般都是高大、厚重而密不透风的，围墙内外的人无法直接透过围墙进行交流。围墙的目的是保护家宅平安，防止外界侵袭。围墙的建造，充分体现了中国居住礼俗内外有别、重视家族的观念。俗语常说的“墙里开花墙外香”，就是用来比喻一个人的才能或成绩不为本处重视而为他处所重视，“里”和“外”，就区分出了自家和外人。人们用围墙来保护家族的利益和领域，甚至连花香飘出了围墙，都要特别拿出来说一番。这种围墙的概念不仅仅存在于普通家庭的宅院，紫禁城的城墙，现存的不少历史古城的城墙，甚至是万里长城，都是这一概念的体现。

以传统的北京四合院为例，四合院的围墙是完全封闭的，墙体高且厚重，唯一的出入口是大门，大多数时候都大门紧闭，现在还有一句俗语叫作“关起门来过日子”，说的就是这样的生活。这种观念的形成非常早，春秋时期，道家学说创始人老子就描绘过他心目中的理想国：“小国寡民，使有什佰之器而不用，使人重死而不远徙。虽有舟舆，无所乘之；虽有甲兵，无所陈之。使民复结绳而用之。甘其食，美其服，安其居，乐其俗，邻国相望，鸡狗之声相闻，民至老死，不相往来。”老子认为的理想国是即使居住的非常近，鸡鸣狗吠的声音都能互相听见，也要待在各自生活的范围之内，不要轻易地互相交流。

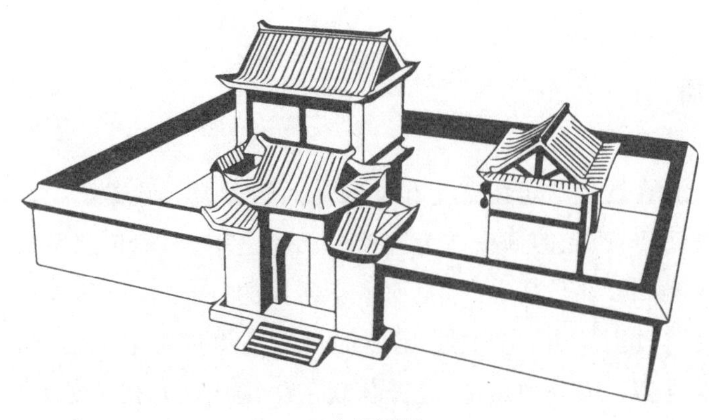

四合院围墙

围墙，是中国礼俗文化中封闭、内敛与含蓄心理的表现。围墙的存在，实际上体现了传统观念中如何对待家外人的问题。围墙带给居住空间内的人安全感的同时，也会让人变得越来越封闭自我，产生“各人自扫门前雪，哪管他人瓦上霜”的心态，这种心态时至今日仍然存在。围墙在保护居住者隐私的同时，也以家族为单位，把不同家族之间割裂开了。在一个屋檐下居住的家族内部成员，相互之间完全开放，没有秘密；同时以家族为单位的群体隐私，却是对外保密的，所谓的“家丑不可外扬”就是这种心态的体现。在同一个居住空间内部生活的成员，父母可以随便进入孩子的房间，各个家庭成员的房门一般也都是敞开的，这和西方人重视家庭成员相互间隐私的文化就非常不同。在中国礼俗文化中，同一个居住空间内，家庭的概念大于个人，居住者相互间的人际关系倾向于以权威、权力为中心，也就是以长辈、男性为中心。

天井

在中国住宅中，天井是气口，作用在于聚财、养气。人们认为天井是财禄攸关之处，所以天井的形状要求端正方平，不可深陷落槽，不可潮湿污秽，并且墙门要常闭，用以聚气，财气才不会散。人们认为代表富贵的天井形状应均齐方正，不高不陷，不长不偏，那么就会堆金积玉，财源滚滚，对天井形状、深浅、布局都有严格的要求，由此可见天井的重要性。其中徽派建筑中的天井宅院就是其中的典型。

徽州天井宅院是古人有意设计建造的，是先人智慧的结晶，文明的产物。秦汉以后，中原地区汉人不断南迁徽州，带来了北方的四合院式建筑，与徽州本土的干栏式建筑融合。为适应南方气候，便于雨天泄水，同时也由于徽州地区土地紧张，于是庭院面积缩小，逐渐形成了这种在室内顶部露出一片长方形的空白天际，演变为“天井”。这种庭院便是可以防盗、高墙、深宅、无外窗的四水归堂式建筑，又称天井宅院。

江苏、浙江、安徽、江西一带属暖温带到亚热带气候，春季多梅雨，夏季炎热，人口密度大，因此屋内的通风成为了亟待解决的问题，而天井的设置可满足采光需求，使厅堂、厢房能采到天窗之光。

在天井住宅中，三面或者四面的房屋都是两层的，结构上连成一体，中央围成一个小天井，这样既保持了四合院住宅内部环境私密与安静的优点，又加强了结构的整体性。而三间屋的天井，一般设在厅前，四合屋的天井一般设在厅中，这种

设计能使居住空间有充足的光线，也有利于空气更好地流通。

天井之所以被看作是财禄的象征，是因为它是排水的场所。水在我国文化中与财是紧密联系在一起的，堪舆理论认为：水为气之母，逆则聚而不散；水又属财，曲则流而不去也。所以天井在向外排水时，不是直泻而去，而是屈曲绕行的，以表明家财聚而不散。

在徽州民居中，天井是建筑的中心，天井布置得高雅闲适，天井的石池既可观赏，又可防火，正因为徽商的“水为财之源”“肥水不流外人田”的观念。天井中四面房檐承接雨水，汇集于天井，再流入明堂，渗入地下，形成“四水归堂”之势，意为肥水不外流，体现了徽商聚财的思想。

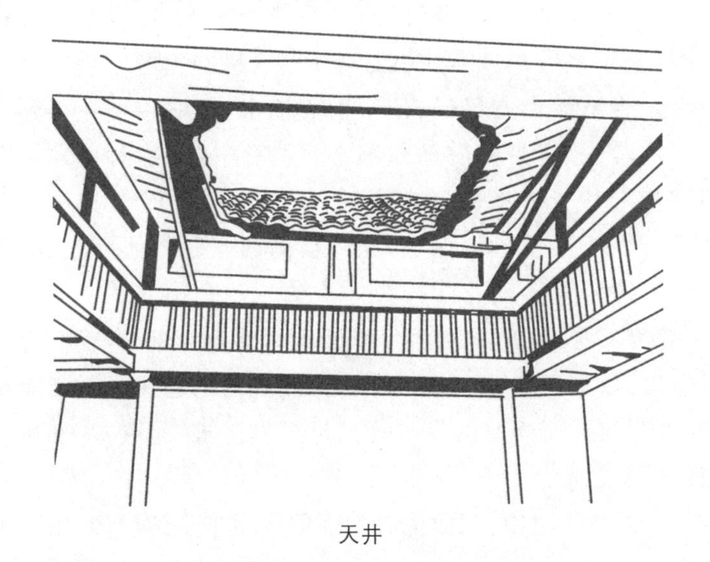

天井

传统天井住宅的基本形式主要有两种，一种是由三面房屋和一面墙组成的正屋三开间居中、两边各为一开间的厢房，前面为高墙，墙上开门。另一种为正房不止三开间，厢房不止一间的，按它们的间数分别称为五间两厢、五间四厢、七间四厢等。中央的天井也有随着间数的加多而增大。通常房屋越多，天井越大。

天井，从建筑功能来看主要是为了采光和提供共享空间，具体功能包括通风换气、采光、排水、防火、绿化、休息、娱乐、乘凉、家务劳动、交际等。

天井的首要功能就体现在通风换气和采光上。天井与外界空气相连，故可以使气流循环，吐故纳新，使室内的空气保持清新。天井具有进出口通风的作用，结合开敞的厅堂、贯通的廊道，形成一个通风系统。

那么天井通风的原理是什么呢？由于天井的地面通常为石板，在阳光的暴晒下地面上天井的热空气不断上升，两侧的冷空气向天井不断补充，增加内外的空气对流。白天，阳光照射房屋，天井部分在太阳直射下温度升高快，空气上升，所以天井内气压低，室内各房间由于有屋顶遮挡，温度增温少，空气压力大，室内空气流向天井。夜间，天井上空散热较快，成为冷源，空气压力大，而室内散热较慢，空气压力小，形成由天井流向各室内的风，天井内的水使风更加凉爽。天井能防止夏日的暴晒，使住宅保持阴凉，就算是阴雨天气，由于通风，也不会觉得阴湿。

这样，天井在运转过程中，不断吐故纳新，保持天井及其相连房间的优质空气质量。加上居民对气候的适应性，已经掌握了开启门窗合适的时间范围，在这种人为因素的作用下，民居中可以保持适宜的温度，同时空气也可以流动，避免了室内潮湿。

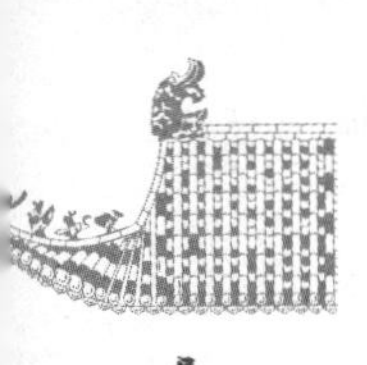

徽州地区地少人多，因此用地局促，建筑间距狭小。徽州商人常年在外经商，在家的多为妇女和老人，因而对安全要求很高，所以民居外围皆为高墙，称为马头墙。为了安全起见，天井宅院一般外墙上几乎不开窗或者开很小的窗。所以天井起到了采光的作用，保证室内有足够光线的同时又可以接受日照，为密闭的空间带来一丝温暖。这样，在高高院墙的封锁之中，又带来了一片湛蓝的天空，使色调灰暗的徽州建筑更为敞亮明朗，空气也更为流通清新。

徽州民居的天井设计很重视排水路径，强调"水不宜直流，水不宜出门下，皆主耗散"。从实际功能而言，水系设计是徽州民居的特色之一。民居依山傍水而聚，顺应地势建造村落，天井作为重要的组成部分，也少不了水系的融合。天井四周房屋屋顶皆向内坡，雨水顺屋面流向天井，经过屋檐上的雨管排至地面，再经天井四周的地沟泄出屋外。天井中排水道与巷道中的排水道相连，利用山势的坡度进行排水。

徽州民居天井的设计还为居住者提供了一个很好的交流空间。人们可以坐在厅堂内晨沐朝霞，夜观星斗，这便是天井的娱乐休闲功能，为人们提供了一个私密而安全的生活空间。它是建筑空间的一部分，是一个处于高墙环绕之中却能够与自然直接接触、沟通和交流的过渡空间。由门到厅堂的过渡，很好地将建筑与自然相融合。此空间既可遮蔽室内空间，具有私密性和安全性，又突破了室内空间的封闭感，是室内空间的外延，家人聚于此，聊天、休息、娱乐，充分显示了其为人们提供交流空间的功能。

天井于布局亦有讲究。一是不宜天井铺石，传统观念认为如果天井铺石头会招来阴气，存在于大地上的阳气都会被盖住。实际上，夏天炎热的季节里，石块会反射及保留相当的热量，使得庭院内的温度上升，加剧炎热。而到了冬天，石块把白天日照的暖气吸收，使周围寒气加剧。同时在雨季的时候，石块会挡住水分的蒸发，使湿气横溢，不易于排水。二是忌天井种树遮挡阳光。“房前天井固忌太狭致黑，亦忌太阔散气，天井栽树木者不吉，置栏者不吉”（《相宅经纂》）。天井本身就是通风采光的，种树无疑会遮挡阳光，使室内阴暗潮湿。因此天井宜用小型的盆栽来代替大树，为天井增添生机。三是忌中庭凿池地盘阴湿。中庭凿水池，凿水池也会使地盘阴湿，对于住宅是不利的。

建房和乔迁礼俗

我国大多数地区以农耕文化为主，农耕民族安土重迁，从事农业生产的人居住点确定下来，可能终生甚至代代扎根于此。选址的优劣将会影响家族数代的兴衰，因此居住点的选择对一个家庭来说意义重大。选定地址后开始住房修建，大兴土木是人们生活中一件非常重要的事情。过去一个家庭修建新房，往往是一个村庄中共同的大事，全村人都会帮忙。建房过程中，从开始的选址，直到最后的入住，都有许多规矩礼俗需要遵守。

建房选址的礼俗

古人们对于居住空间的选址、建造和装修布置，遵循一定的风水规则。风水学说自东汉至今已有近两千年的历史，内容驳杂，混合了易经、道家学说、民间信仰等成分，遵循天地人合一、阴阳平衡和五行相生相克的原则，其中核心原则是天人合一，也就是人与自然的和谐相处。

风水基于对多种自然地理科学的了解，合理利用自然，对自然环境不利于人之处进行改造，从而创造出宜居环境。风水之说中和居住空间相关的主要有三个方面：如何选择建造房屋的位置，合理设计房屋的结构和布局，在房屋内外用某种符号或者设置来避凶趋吉。相关内容在前文“居住与风水”部分已有详细介绍，此不赘。

破土动工的礼俗

选定了建造住宅的风水宝地之后，要选择吉日破土动工，吉日的选择一般按照民间传统历法“黄历”中的“黄道吉日”来确定。黄历是古人通过观测天文气象和季节转换，总结农业生产中积累的经验而创造的历法，体现了古代劳动人民对自然万物的崇敬之心，是古代民俗、神话传说和多学科知识结合的产物。黄历以建日、除日、满日、平日、定日、执日、成日、收日、破日、危日、开日、闭日为十二值日。建、除、满、平、定、执、成、收、破、危、开、闭十二个字分别对应黄历中的每个日期。

其中除、危、定、执、成、开六字对应的日子是吉日，另外六字则对应凶日。诸如婚丧嫁娶、动工搬迁等大事，在吉日进行方可顺利。实际在选择吉日的时候除了黄历，还要参考家庭成员的生辰八字，以及一些民俗上的禁忌日子。民俗禁忌日在不同地区也有所不同，一般比较通行的禁忌日有二十四节气中的春分、秋分、夏至、冬至的前一天，以及立春、立夏、立秋、立冬的前一天等。

吉日选定后便可以破土动工。破土动工又称为奠基，按照传统礼俗，破土动工前要有奠基仪式。在房屋建设的过程中，奠基是重要的第一步。现代社会大型建设项目开工时仍然会举行奠基仪式。破土动工祭祀的一般多为土地神。土地神是中国民间信仰中最常见的一位神，与农耕民族的关系最为密切。土地神是地方的保护神，因此各地土地神都是不同的。《西游记》中唐僧师徒每到一地遇到麻烦时，孙悟空就会叫出当地的“土地老儿”来打探当地的消息。“土地老儿”大多是人间的亲切老爷爷形象。建房开工祭祀土地神的时候，需要在选好的宅基地中间设立土地神的神龛，并供奉牺牲和纸钱，以求土地神的保佑。

在建房挖地基的过程中，最忌挖到“太岁”。中国有句古话叫作“太岁头上动土”，意指胆大妄为，做事不计后果，惹到了不能惹的人或事物。那么“太岁”究竟是什么呢？古人称木星为“岁星”，而“太岁”是古人虚构出的一颗星。古人设定“太岁”星的位置和运行方向都与“岁星”相反，由于作为“岁星”的木星是在天空中的，所以和“岁星”相反的“太岁”被古人认为运行于地下。古人将开挖土地时偶然发现的、陌生而神秘的肉块状物体视作“太岁星”的化身，这种物体既非动物也非植

物，能够无限生长。如果在挖地基的时候挖出了太岁，则会导致家破人亡，所以才说不能“太岁头上动土”。中国古代很早就有关于动土时挖出太岁的记载。唐代段成式《酉阳杂俎·续集》卷二载：有王姓兄弟三人不信禁忌，挖出了太岁，这太岁一夜之间就长大到塞满了整个庭院，最后这家人大多暴毙。

莱州即墨县有百姓王丰兄弟三人。丰不信方位所忌，常于太岁上掘坑，见一肉块，大如斗，蠕蠕而动，遂填。其肉随填而出，丰惧，弃之。经宿，长塞于庭。丰兄弟奴婢数日内悉暴卒，唯一女存焉。

类似记载普遍存在于古人笔记中，金人元好问的《续夷坚志》卷一中记载了两起古人掘地出太岁带来灾祸的事件。

“土禁二”：乙巳春，怀州一花门生率仆掘地，得肉块一枚，其大三四升许，以刀割之，肉如羊，有肤膜。仆言土中肉块，人言为太岁，见者当凶，不可掘。生曰：“我宁知有太岁耶！”复令掘之，又得二肉块。不半年，死亡相踵，牛马皆尽。古人谓之有凶祸，而故犯之，是与神敌也。申胡鲁邻居亲见之，为予言。

“土中血肉”：何信叔，许州人，承安中进士。崇庆初，以父忧居乡里。庭中尝夜见光，信叔曰：“此宝器也。”率僮仆掘之，深丈余，得肉块一，如盆盎大。家人大骇，亟命埋之。信叔寻以疾亡，妻及家属十余人相继殁。识者谓肉块，太岁也，祸将发，故光怪先见。

当代社会仍然有不少挖出太岁的事件。根据今天的科学研究显示,太岁实际上是一种主要成分为真菌的多种物质混合体,因为其主要物质是真菌,有着极强的再生能力,所以古人才有了太岁能够无限生长的传说。

为了在建房的过程中能够一切顺利,现在汉族的大部分地区仍然保留了一种旧时的建房礼俗,在地基或墙基中砌一块石头,古时这样的石头上通常刻有“石敢当”几个大字,其作用是镇宅,至于“石敢当”这个名字的来历则众说纷纭。

在山东地区有广为流传的石敢当降妖传说。相传泰山上有一个叫石敢当的人善于驱妖,各地的人都慕名而来请他帮忙,石敢当分身乏术,就请石匠在泰山石上刻上“石敢当”几个字,哪里有妖怪,就把这石头放在哪里,同样能够驱妖除

石敢当

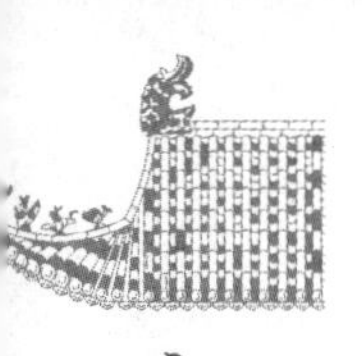

魔。久而久之，人们为了避邪，在盖房子的时候把刻有“石敢当”的石头直接砌在了墙上。据民间另一传说，黄帝与蚩尤大战，蚩尤骁勇善战，女娲为助黄帝，投下一块泰山石挡住蚩尤去路，蚩尤心生畏惧，最终落败。为了纪念泰山石挡蚩尤，民间开始遍立泰山石敢当。

从民俗学来说，“石敢当”源于古人对石头的原始崇拜。在远古的石器时代，石头是人类能够获得的最为坚硬的自然界材质。远古人类用石器来狩猎和进行生产劳动，石头是古人不可或缺的生存工具。“石敢当”前面加上“泰山”，是民间信仰中泰山崇拜的表现。民间将泰山视为五岳之首，相信泰山石具有镇邪、赐福等神力。“泰山石敢当”作为一种民间习俗，是人们追求平安祥和生活的心理表现。

砌灶的礼俗

灶是居住空间中存放火的地方，前文在说到厨房的时候，已经讨论过火在人们生活中的重要性，因此，砌灶也是建房过程中一个极为重要的工作。

和破土动工的日子一样，砌灶同样需要先选择一个吉日，再请石匠进门砌灶。石匠进门前将砌灶土砖准备好，所选材料应是有棱有角的完整土砖。材料选好动工前，主人会在计划要砌灶的位置放上祭祀用品，一般是一盘肉和一盘鱼，以求生活富裕，有鱼有肉可吃。祭祀结束后，砌灶就可以开始了。农村传统柴灶由灶台和灶壁组成，灶头上方有神龛供灶君。江浙地区的一些农民，在砌灶时还会用小瓦罐放米和茶打入灶内，或者埋上几个铜钱，以祈求灶神保佑。

长江沿岸的南方地区在砌灶时,还会给灶壁加上绘画装饰,称为"灶壁画"或者"灶头画"。浙江嘉兴的"灶壁画"由于内容丰富,寓意吉祥,而且有着独特的绘画手法,在2011年被列入国家级非物质文化遗产名录。灶壁画配合民间供奉灶神的传统,这些陪伴灶王爷的图案自然不能马虎,内容多以年年有余、五谷丰登等为主题,配以"喜""福"等吉祥文字装饰。如果砌灶时灶头只简单地粉刷,没有灶壁画的装饰,便是不合礼俗的行为,会被邻里众人看不起。不过,随着时间的推移,砌灶的仪式逐渐简化,今天即使是在农村砌灶,也往往只是走个形式,说几句吉祥话就可以了。

灶壁画

上梁的礼俗

除了破土动工以外，上梁也是民间建房时的一个重要仪式。中国传统建筑一般以土木为材，梁和柱的木质结构支撑了整座建筑，是房屋的骨骼，因此作为房梁的木材需要慎重地挑选。榆木广泛生长在我国东北、华北、西北及西南各省区，因此北方建房一般选择榆木，同时也取“榆”之谐音“余”，也就是年年有余之意。有些时候，作为房梁的木头还要是“偷来”的，不能在自家山头砍树，而要到别人家山上去“偷”树，事先不能知会树的主人，砍下树后在原地留下红包。到了上梁那天，新房主人一定要请树的主人来喝上梁酒。

选中的梁木上会以字画作出各种吉祥图案装饰，有些倒刻“福”字，取“福到了”之意；有些画八卦图样驱鬼镇宅。更常见的是各类有着吉祥含义的图案，比如双鱼图案，寓意年年有余；另外由于鱼多鱼籽，所以鱼崇拜本身也带有祈求多子多福之意；松鹤图案寓意延年益寿；牡丹图案寓意富贵长乐。民间还有在梁木上披红的习俗，上梁之前用红色的布将梁木包起来以求吉祥。在张艺谋导演的电影《我的父亲母亲》中就有这样的情节：村中新建小学校舍，为郑重其事，选出了村中最美丽的少女负责织出一块红布铺在房梁上。

装饰好的房梁要经过升梁的仪式来上梁，传统礼俗中上梁是一个非常严肃的仪式，上梁顺利意味着新屋能让居住者平平安安。上梁的日期要选择黄道吉日，升梁仪式一般在正午时分进行，泥瓦匠要在此前完成砌墙的最后一道工序。房梁提前安放在厅堂中，由木匠师傅喊口令，几个青壮年男子齐心协力，将房梁安上屋顶。随后，主人要鸣放鞭炮庆祝，并招待工人和前来道贺的亲戚邻居喝一顿“上梁酒”，对工匠赠予红包，向所有工人和客人道谢，并分送“上梁糕”和其他糖果。

搬家的礼俗

人们把搬家称为乔迁新居，要庆贺乔迁之喜。乔迁语出《诗·小雅·伐木》：“出自幽谷，迁于乔木。”意思是从深谷中迁到高树上，因此后来“乔迁”用来比喻地位升高，也用于贺人搬往新居。庆贺搬入新家，也有着一系列的礼俗。同开工、上梁一样，搬家也需选择一个“黄道吉日”。

按照传统习俗，乔迁新居最讲究的是进火，进火要择定良辰吉日。进火的时辰一般选择晚上，因为晚上路上行人较少，如果是白天，路上来往的人多，怕碰到不吉利的事情，或者有人说不吉利的话。进火的时候，要事先计算好从老宅到新居的时间，以保证能准时入宅。在旧宅由上一辈人从老灶点燃火种，交给新房主人的儿子，主人拿祖宗牌位和灶君神位，在老香炉上点香，插到新香炉中。女主人担上油盐柴米，家庭成员每人都要带上准备入宅的物品。在南方农村，进新房要准备的物品包括五谷种子等，有时还会带上猪牛，意味着搬家后能够五谷丰登，人畜兴旺。如果是搬到比较远的地方居住，有时候还会带上一把老屋的泥土，据说把泥土撒进新居的水井里，可以防止水土不服。离开老房时要燃放鞭炮，从老宅中引出的火种，在整个搬家的过程中都不能熄灭。到了新居门口，燃放鞭炮，进入新居，将供品摆放在祖宗牌位前，保证有明火，

香火不断。到了进火的时辰，男主人要带着火种先进厨房，女主人拿着柴和锅随后。将灶具放上灶台，祭祀灶神，男主人用从老宅带来的火种点着灶火后，女主人将准备好的木柴放在火上燃起来，烧锅做饭。接着再次鸣放鞭炮，再搬其他物件进屋。

之所以要从老宅中将火种带入新宅，是因为传统礼俗非常重视一个家族中火种的存在与延续。火种的延续也就是香火的延续，香火除了字面意思所指的实物外，也指代子孙后代，因此香火不断就是子子孙孙无穷尽，这是中国传统文化中最为看重的一点。有火才有家，灶火旺，也就代表了人丁兴旺，百业兴旺。新房进火是人们生活中的大事，亲眷都会来恭贺。主人要在新家开席吃进火酒，提升新屋的人气。现在这一习俗仍然存在，不过名字变成了“乔迁酒”，前来庆贺的亲戚朋友都要送些礼物或红包。

按照传统礼俗习惯，在建房奠基、上梁和乔迁等重要时刻，新房屋主的亲戚朋友、左邻右舍都应该前来庆贺，表达喜庆和祝福的意愿。这是中国古代礼文化的表现，近墨者黑，近朱者赤，因此重视居住的环境，重视对邻里的选择，重视邻里关系是儒家思想一贯关注的问题。邻里之间应该和睦相处，互相帮助，而新房的建设，正是表达与邻人友好相处意愿的一个重要的机会。

时至今日，在中国大部分地区还保留着一户人家修建新房，左邻右舍、亲朋好友都要来帮忙的风俗。除了通过这个机会联络邻里感情以外，由于建房耗资巨大，对于屋主来说需要资金支援，因此周围的亲朋好友都会解囊相助，以红包作为建房的贺礼。在修建新房的过程中，除了现金贺礼，亲戚邻居还会以食物作为贺礼，食物的种类因地区的不同而有区别。为了讨好彩头，赠送给房主的食物有一些特定的点心，比如“定升糕”或者是甘蔗，都是为了祝福主人以后的生活能够节节高升，越过越好，呼应了“乔迁”的含义。

居住空间与节日礼俗

节日是集中体现传统礼俗的一个重要时间段。中国有众多传统节日，每个节日都有着特定的礼俗活动。因为中国大部分地区起源于农耕文明，多数节日都和农时相应而生，因此节日习俗以户外活动居多，比如元宵赏灯、清明扫墓、中秋赏月、重阳登高等。但是也有一些节日的活动以室内为主，比如过新年、寒食节和端午节。以室内活动为主的节日，其礼俗和居住空间有着密不可分的联系。

新年

中国人传统的新年，实际上是从小年夜祭灶开始一直到正月十五元宵节过完为止。过年讲究的是合家团圆，在外的游子不论离家多远，新年也要回到家中陪伴父母。传统民俗观念中“过年”要过到正月十五闹完元宵才结束，过年期间正是一年中气候最为寒冷的时期。以农耕为主的古代中国社会，这个时间段正好无需下地劳作，因此漫长的新年也有让辛

勤劳动了一年的人们好好休息的意味。从小年到正月十五这二十多天,人们的主要活动都是在室内进行的,按照传统礼俗进行一系列的祭祀和仪式,并遵守众多的禁忌,以求来年的生活风调雨顺,一切平安。

农历腊月二十三日或二十四日又称为小年。小年的民间习俗是“二十三,祭灶关”,腊月二十三为祭祀灶神的日子。灶神也就是灶王爷,在民间被认为是“人间监察神”。虽然在汉族的民间信仰中,灶王爷并不是地位特别高的神灵,但是却和百姓的生活息息相关。

祭过灶到年底之前的这段日子里,还要对整个居住空间进行大扫除,俗称“扫年”。传统礼俗扫年要挑选黄道吉日,通过清扫一年的灰尘污垢,将晦气都赶走,这种礼俗客观上对环境卫生、居住者的健康都有很大的益处。

扫年之后,北方大部分地区按照传统习俗要在窗户和门上贴窗花。窗花的内容丰富,题材广泛。大部分内容表现农民生活,如耕种、纺织、打鱼等;此外还有神话传说、戏曲故事等题材;以及各种动植物图案,如“喜鹊登梅”“孔雀开屏”等。贴窗花的风俗在民间已有上千年的历史,其民俗源头与立春节令有关。唐代诗人李商隐曾作《人日即事》,记载剪纸是自晋代开始的风俗。

唐代以后剪贴窗花迎春的时间由立春逐步改为春节。究其原因,窗花贴在家中作为装饰,立春之后天气转暖,户外农活渐多,人们不再经常待在家中,唯有过年期间人人待在家里的时候,窗花的观赏价值才能得到最大化。窗花不仅烘托了春节时喜庆的节日气氛,也为人们带来了美的享受。

窗花

做完一系列的新年准备,就到了除夕。除夕的礼俗活动中最重要的就是祭祖。古时的祭祖活动大多在居住空间的正厅进行,除夕到来之前,家家户户都要把神像和祖先牌位等供于家中正厅,安放供桌和供品。祭祀活动由家长主祭,祭拜者按长幼顺序跪拜,烧香叩拜,祈求丰收平安。人们在春节期间祭祀祖先、叩拜神灵,其实就是给祖先和诸神拜年。南方人的祭祖仪式尤为隆重,多是八碗大菜,中设火锅。鲁迅的《祝福》中详细描述了民国时期江浙一带乡村在新年时如何准备祭祀活动:

> 这是鲁镇年终的大典,致敬尽礼,迎接福神,拜求来年一年中的好运气。杀鸡,宰鹅,买猪肉,用心细细地洗,女人的臂膊都在水里浸得通红,有的还戴着绞丝银镯子。煮熟之后,横七竖八地插些筷子在这类东西上,可就称为"福礼"了,五更天陈列起来,并且点上香烛,恭请福神们来享用,拜的却只限于男人,拜完自然仍然是放爆竹。

各地的祭祖形式虽各不相同,但是基本做法都是从除夕夜开始,上元夜撤供,整个新年,从小年夜祭灶开始,至元宵节撤供结束。

除了祭祖外,除夕到新年还有许多传统礼俗活动,包括守岁、贴春联、放鞭炮等。除夕张贴春联和门神之后,就要关上大门,全家人守岁到凌晨,初一早上才开门。关于新年守岁有一个传说:远古时候,我们的祖先曾遭受一种凶猛的野兽"年"的威胁。每年冬天山中食物缺乏时,"年"就会闯入村庄猎食人畜。后来人们发现"年"害怕红色、火光和响声这三种东西,于是除夕之夜人们在自家门上挂上红色的桃木板,逐渐演变成后来的春联;门口烧火堆;夜里通宵敲敲打打,逐渐演变成后来的放鞭炮。于是这天夜里,"年"被这三样东西吓得跑回深山,再也不敢出来了。以后每到除夕之夜,家家户户都贴红纸对联,燃放鞭炮,通宵守夜。这样的习俗流传下来,就成了"过年"。

春联也叫门对,每逢春节,家家户户都要选一副大红春联贴于门上,增加节日气氛。在贴春联的同时,还会在屋门墙壁上贴上"福"字,有时也将"福"字倒过来贴,表示"福到了"。

春联的前身是桃符,宋代王安石《元日》一诗中就有"爆竹声中一岁除,春风送暖入屠苏。千门万户曈曈日,总把新桃换旧符"的诗句,可见宋代百姓在新年时挂在大门上的还不是春联,而是桃符。桃符是门神的化身,门神的形象最早来源于神话传说中的神荼和郁垒。根据《山海经》记载,很久以前在大海中有度朔山,山上有桃树,枝叶绵延三千里,枝叶的东北方是万鬼出没的鬼门。桃树上住着两位神——神荼和郁垒,专职负责管理众鬼,将发现的恶鬼捉去喂虎。于是传说从黄帝起，黎民百姓就已经开始在门户上画上神荼和郁垒，以驱鬼辟邪。由于神话传说中的神荼和郁垒住在桃树上，因此桃木在民间信仰中被赋予了驱鬼的力量。到了春秋时期，人们用桃木制成符咒挂在门上，代表神荼和郁垒，保佑家宅平安。

神荼和郁垒

从明代开始，门神画像逐渐被春联所取代。关于春联在明代普及的原因还有一个传说：某年除夕，朱元璋夜间出宫微服私访，亲笔书写了对联送给大臣和百姓。百姓认为天子亲笔所书自然有神佛保佑，能够逢凶化吉，于是百姓纷纷效仿。由此，春联取代了门神画像，在民间流行起来。

鞭炮最早是以火烧竹，发出噼啪声，借以驱鬼除疫，因此鞭炮最早又叫爆竹或炮竹。火药发明后，才有了现在常见的

以纸卷火药制成的鞭炮。相传东方朔所作的《神异经》中记载了爆竹的起源。

> 西方深山中有人焉，长尺余，袒身，捕虾蟹。性不畏人，止宿喜依其火，以炙虾蟹。伺人不在而盗人盐以食虾蟹。名曰“山臊”。其音自叫。人尝以竹着火中，爆烞而出，臊皆惊惮。犯之令人寒热。此虽人形而变化，然亦鬼魅之类，今所在山中皆有之。

这里的“山臊”就是山魈，是一种形态和人类似的山鬼，人们燃烧竹子，用竹子的爆裂声驱赶山魈。到了南北朝时期，新年燃烧爆竹的习俗已经形成，南朝宗懔所著的《荆楚岁时记》记载：“正月一日是三元之日也。《春秋》谓之端月。鸡鸣而起，先于庭前爆竹，以避山臊恶鬼。”

通过以上对除夕到新年的主要民俗活动的分析，不难看出，守岁、贴春联、放鞭炮三者的目的实际上是一致的，都是为了驱鬼除疫。可以说，新年的一系列民俗仪式，都是以居住空间为屏障，所有家庭成员一起齐心协力驱赶鬼怪、驱除疫病的活动。

寒食节

寒食节也称“禁烟节”或“冷节”，时间在夏历冬至后一百零五日，清明节前一两日。在现代，因为寒食节的时间和清明节太过接近，大部分地区的寒食节都和清明合并了，寒食节逐渐被人们所遗忘。寒食节的主要节日活动是在居住空间中禁烟火、吃冷食，这也是“寒食”之名的由来。

相传寒食节是为了纪念春秋时的晋国人介子推。介子推是晋国重臣，与公子重耳流亡列国，途中饥寒交迫，介子推割股肉供重耳充饥。公子重耳复国后，介子推不愿享荣华富贵，与母亲归隐绵山。晋文公重耳为了能够逼介子推出山，命令手下放火烧山，却没想到他坚决不出山，宁愿抱树而死。重耳后悔不已，将介子推葬在绵山，修祠立庙，并下令从此以后，每年介子推被烧死的日子是禁火之日，后相沿成俗。从此以后，绵山每年都会举行隆重的寒食祭祀，纪念介子推。

虽然今天人们把寒食节说成是纪念介子推，但是实际上寒食节起源于远古时期人类的火崇拜。前文已经提到原始人的生活离不开火，但是火又能够给人类带来极大的灾害，原始人出于对火的崇拜和敬畏，产生了一系列祭祀火的仪式。当原始人的生产力发展到可以建造固定的居住空间之后，为了生活方便必须将火引入。但是居住空间内的火如果失去了控制，给人类带来的危险就更大，于是古人举行祭火仪式来祈求家宅平安，寒食节便由此而来。

寒食节最主要的仪式，就是熄灭并重新燃起居住空间中的火源。古人把火看成是有生命的东西，在家庭中使用的火，是不能随意熄灭的。但是正因为火是有生命的，一直燃烧不熄的火也需要有休息的时候。寒食节到来，就是各家各户熄灭自家火源、让火休息的日子。熄火之后再重新燃起新火，称为改火，新生的火源象征着新的生机蓬勃的生命力。

据史料记载，古时一些地区民间要禁火一个月，在农历三月初这个时间段只能长期吃冷食，对人的身体健康不利，因此三国时期曹操曾下令取消这个习俗。三国归晋以后，为了纪

念介子推,禁火寒食的习俗又恢复了,但出于养生健康考虑,将时间缩短为三天。到了近现代,民间禁火寒食的习俗多为一天,只有少数地方仍然保留了禁火三天的习俗。由于寒食节禁火,只能吃冷食,因此寒食节之前,人们要事先准备好寒食节吃的冷食。今天江南一带清明时流行吃青团,用青艾汁和糯米粉捣制粉团,包裹豆沙为馅,可以冷食,是清明出游的常见小吃,实际上也是寒食节传统食物的传承。

此外,寒食节还有插柳的习俗。柳为寒食节象征之物,古时江淮地区在寒食节期间,会将柳枝插在门前。时至今日人们在春季出游的时候,还会将柳条编成帽子,给儿童带上,应该也是寒食插柳这一习俗的传承。

端午节

端午节又称为"端阳节",时间为每年的农历五月初五,端午之"午"原本指的是五月初五的"五",因古人忌言五月初五之"五",故而改成了"午"。端午节在传统民俗中是一个十分重要的节日,源于人们在传统礼俗中对于恶日的禁忌。先秦时代人们普遍认为五月是个毒月,五日是恶日,每年的这一天是五毒并出的日子。五毒指的是蝎子、蛇、蜈蚣、蟾蜍、壁虎,这几类有毒爬虫确实是在农历五月初这个时间段开始大范围活动的。民间习俗抵御五毒的方法是五月五日在家中禁欲、斋戒,用香草沐浴;在房前屋后插菖蒲、艾叶,薰苍术、白芷,以芳草香气驱毒;人们无论长幼都要喝雄黄酒以避疫。艾草是一种药用植物,中医针灸所用的艾条,就是用艾草研磨成粉,灼烧穴道来治病的。有关艾草可以驱邪的说法流传很久,《荆楚岁时记》中记载“采艾为人形,悬于户上,可禳毒气”。菖蒲因为叶片呈剑型,象征驱除不祥的宝剑,古人认为将菖蒲插在门口可以避邪。

艾草

虽然关于端午节的种种传说和活动带有神秘色彩,但是实际上它们是有一定科学道理的,因为艾叶、苍术、白芷、雄黄等都确实是有驱虫效果的植物或化学物质。今天到了端午节,民间仍有制作香包的习俗。这种香包中填充的就是上述各类香草,给儿童佩戴可以驱虫防病。

自晋代以来,跳钟馗、闹钟馗,以求钟馗赐福镇宅也是端午节礼俗的一部分。传说唐明皇晚年常被噩梦所扰,梦中有二小鬼,窃得明皇玉笛及杨贵妃之紫香囊,在明皇身旁吵嚷不已。正当明皇惊惧之时,又出现一个面目狰狞的大鬼,捉了两个小鬼撕碎吞食入腹。明皇问来者何人,大鬼向明皇自称为钟馗。唐明皇此后再也没有被噩梦惊扰,便命人按梦中情景

画钟馗捉鬼图，钟馗捉鬼的传说由此走入民间。百姓每年在端午绘制钟馗像，挂在大门或堂中；富贵之家还会请人扮演钟馗，在家中跳钟馗舞，以期能够驱邪避恶。

端午节是位于年中气候转换之时的节日，天气由冷转热，各类传播疾病的蚊虫开始活动，病菌也更加容易滋生和传播。因此端午节的所有活动——清洁身体和房屋内部，在房屋外部布置上可以驱虫防病的植物，实际上都是为了保护人的身体健康。

居住空间的陈设装饰与传统礼俗

居住空间内部的陈设，是居住空间的重要组成部分。陈设除了用于满足人的基本生活需求以外，也是房间主人审美情趣的体现，同时还需符合居住礼俗。

居住空间的陈设

房间陈设需要符合主人的身份地位，同一家庭内部成员根据身份、年龄和辈分的不同，有不同的陈设特点。《红楼梦》第四十回《史太君两宴大观园　金鸳鸯三宣牙牌令》描写了大观园中几位小姐的房间内部陈设，其中探春和宝钗的房间就形成了鲜明的对比：

(探春的房间)当地放着一张花梨大理石大案，

案上叠放着各种名人法帖，并数十方宝砚、各色笔筒，笔海内插的笔如树林一般。那一边设着斗大的一个汝窑花囊，插着满满的一囊水晶球儿的白菊。西墙上当中挂着一大幅米襄阳《烟雨图》，左右挂着一副对联，乃是颜鲁公墨迹，其词云：烟霞闲骨格，泉石野生涯。案上设着大鼎。左边紫檀架上放着一个大观窑的大盘，盘内盛着数十个娇黄玲珑大佛手。右边洋漆架上悬着一个白玉比目磬，旁边挂着小锤。

（宝钗的房间）及进了房屋，雪洞一般，一色玩器全无，案上只有一个土定瓶中供着数枝菊花，并两部书，茶奁茶杯而已。床上只吊着青纱帐幔，衾褥也十分朴素。

探春性格泼辣要强，而且一直自卑于自己的出身，所以特意把自己的房间装饰得富丽堂皇。宝钗性格清冷，不爱装饰，不论是自己的穿着打扮还是房间装饰都是能省则省，房间布置十分简朴。但是在古人观念中，并不是一味地以勤俭节约、不重修饰为佳，在贾母看来宝钗过于简朴的房间反而是不合礼俗的：

贾母摇头说："使不得。虽然他省事，倘或来一个亲戚，看着不像，二则年轻的姑娘们，房里这样素净，也忌讳。我们这老婆子，越发该住马圈去了。你们听那些书上戏上说的小姐们的绣房，精致的还了得呢。他们姊妹们虽不敢比那些小姐们，也不要很离了格儿。有现成的东西，为什么不摆？若很爱素净，少几样倒使得。"

贾母的观点也就是传统社会的普遍礼俗观点，宝钗的房间陈设问题有二：首先，宝钗作为富贵人家小姐住在大观园中，代表的是贾府这样一个簪缨鼎食之家的气派，不应将房间布置得太寒酸，否则在接待亲戚客人的时候就过于失礼了。其次，一个家族中年轻人的房间应该布置得鲜艳热闹，年长者的房间则相对要庄重严肃些。虽然小辈房间陈设不能过于奢华，超过长辈的房间，但是宝钗作为妙龄少女，房间布置得比长辈还要清冷，同样也是对长辈的失礼。

为了改变宝钗房间的清冷局面，贾母送给宝钗的几样房间陈设包括石头盆景、纱桌屏、墨烟冻石鼎、水墨字画白绫帐。盆景、屏风都是室内陈设的常用物品。盆景是中国传统艺术，以植物、山石和土壤为原料，将自然景物微缩于一盆之中，具有极高的艺术观赏价值。屏风是用于室内挡风遮视线的家具，形式有围屏、挂屏、桌屏等等，大小不一。由于屏风装饰性作用比较大，明清时期出现纯粹的装饰型屏风，其上多有书法或绘画的装饰元素。

除了盆景和屏风，各类花瓶也是室内陈设中的常见物品，由于“瓶”和“平”谐音，因此瓶代表了居住者希望家中平平安安的愿望。瓶还可以和其他事物组合，形成其他含义，比如：瓶中插荷花，表示家庭生活和和美美；瓶中插月季花，表现了季季平安；瓶中插扇子，表示平生行善积德，等等。

除了固定的陈设品以外，室内陈设还有随四季变换的植物。一些植物在中国人的传统生活中有着特定的文化含义，作为室内陈设的元素，也会引起人们的共鸣。“花中四君子”梅兰竹菊是中国传统文化的常见创作题材，这四种植物传达主人高洁孤傲、淡泊名利、不趋炎附势的心境，因此较多地出现在官宦人家或是读书人的书房中。普通百姓家中所放植物，则多求喜庆吉利的意头，比如富贵竹、罗汉松、发财树、君子兰、仙客来这类带有吉祥含义的植物。

居住空间中的装饰

传统文化中室内装饰包括：室内色彩的运用，墙壁门窗、工艺品和摆件上的图画元素等。传统民间习俗认为，通过带有吉祥含义的装饰元素可以实现人们期望的结果。因此传统居住空间内的装饰元素往往都能够传递一些信息，表达居住者对生活的期望。

色彩是室内装饰中最显眼的部分。古代家具多为深色，而且由于窗户不透光，室内采光效果不如现代建筑，因此在条件允许的情况下，室内装饰倾向于使用较为鲜艳明亮的颜色，尤其是红色类喜庆的颜色。室内颜色中最容易改变，且占比最大的就是窗纱和帷帐，因此窗纱和帷帐的配色是室内布置需要考虑的问题。如《红楼梦》第四十回有贾母命人为黛玉的房间换窗纱的情节，由于黛玉所住潇湘馆的庭院中全是竹子，如果配以绿色窗纱则颜色重合不出挑，因此贾母命人换上银红色的窗纱，银红色就是带有光泽的浅红色。这里除了配色，还考虑到黛玉作为未出阁少女，房间内部的配色要以鲜艳喜庆为好；而贾母则给自己房间安排了“雨过天青”色的帐子。雨过天青色是略带灰度的浅蓝色，颜色绚丽的同时也兼顾了庄重典雅，契合了贾母的年龄和身份。

现代的室内装饰和以往不同，不再大面积使用鲜艳的颜

色，而更偏向使用淡雅的、带有灰度的颜色。这种变化首先是由于现代建筑的采光一般都很充足，室内足够明亮；其次是现代人的居住空间比古人要小得多，鲜艳的颜色会在视觉上产生拥挤之感，而浅淡的颜色则可以增加空旷感。

居住空间的墙壁和门窗，以及室内陈设的工艺品和摆件上都有图案元素，在古人的观念中这些图案不仅是装饰，也有着礼俗含义。最常作为装饰图案的是有祥瑞含义的各种动物元素。

以喜鹊为题材的居住空间装饰非常多，普遍出现在客厅装饰中。民间将喜鹊作为"吉祥"的象征，而且将喜鹊和其他元素组合起来表达美好愿望。比如两只喜鹊面对面叫"喜相逢"，喜鹊登梅枝叫"喜上眉梢"，等等。

古人奉龟和鹤为长寿之物，我国民间历来流传着"龟鹤延年"的说法。龟鹤题材在居住空间的建筑装饰中常常出现，目的是祈求家中长辈健康长寿，因此多放在长辈房间中作为装饰。

蝙蝠虽然外形欠佳，看起来有些像是长了翅膀的老鼠，可是因为"蝠"和"福"谐音，而成为了居住空间中一种常见的装饰元素。蝙蝠元素最常见的呈现方式是"五蝠临门"图案，五蝠（福）指的是长寿、富贵、康宁、好德、善终。

鹿也是居住空间装饰的主要内容，包含的礼俗含义很丰富。首先，鹿是婚姻的象征，古人在嫁娶时男方需以两张鹿皮作为聘礼，因此鹿成为了新婚夫妻房间中常出现的装饰图案。其次，鹿是健康的象征，古人认为鹿乃仙兽，是纯阳多寿之物，鹿肉、鹿茸均有药用价值，因此鹿的图案经常出现在老人的房间里,保佑老年人身体健康。最后,鹿字谐音“禄”,代表了功名利禄,因此鹿也是准备考取功名的男性书房中常见的装饰元素。

麒麟是古代神话传说中的神兽,古人认为麒麟出没处必有祥瑞,传说能为人带来子嗣,即“麒麟送子”。民间称男童为“麒麟儿”或“麟儿”,认为拜麒麟可以生育男孩,因此“麒麟送子图”成为妇女和儿童房间的常见装饰。

人物图案也是居住空间装饰中的一个重要题材。室内装饰最常出现的人物是“八仙”:铁拐李、汉钟离、张果老、蓝采和、何仙姑、吕洞宾、韩湘子、曹国舅。八仙各自所持的宝贝葫芦、宝扇、渔鼓、花篮、荷花、宝剑、洞箫、玉板被称为“八宝”。八仙过海是八仙最脍炙人口的故事,最早见于杂剧《争玉板八仙过海》,说的是八仙到蓬莱仙岛赴宴,回程时不搭船而各自想办法,于是就有了“八仙过海,各显神通”的故事。八仙及其宝物体现了百姓对于美好生活的向往,八仙齐聚体现了歌舞升平、欢乐祥和的气氛,因此八仙题材在居住空间中广泛使用,尤其是客厅等公共空间中更为常见。

居住空间的装饰元素,是进行礼俗教育的重要阵地。居住空间的装饰图案表现带有教育意义的历史故事和掌故,是主人用来教育子女、传递传统价值观念的工具。这些图案或绘制在墙壁、房梁、廊柱、屏风等较大面积的区域上,或者直接以室内装饰画形式呈现。

君臣关系是传统礼教中一个重要部分,居住空间的图案装饰中,明君贤臣、忠臣良将的题材很常见。比如“周文王访贤”表现的是明君贤臣之间的互动,充分展示了周文王求贤若

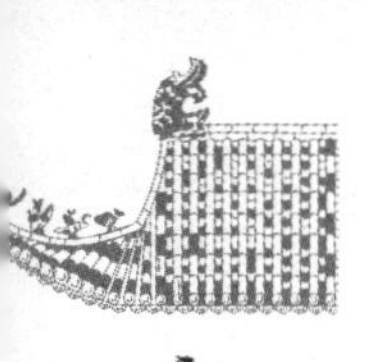

渴的帝王形象。此外,“岳母刺字”“苏武牧羊”也都传达了传统儒家伦理的重要一环——忠君爱国。

孝也是传统礼教的一个重要内容。最常见的展现方式是将二十四孝的故事转化成图案来进行孝道的教育。二十四孝记载了二十四个孝子不同环境、不同遭遇下的孝行故事。元代开始二十四孝故事的印本大都配图,又称《二十四孝图》,是古代宣扬孝道的通俗读物。由于二十四孝故事形成得早,传播范围广泛,而且使用了看图说话的传播方式,因此被广泛使用在居住空间的装饰图案中。

激励子孙后代发奋图强、光耀门楣也是常见的装饰图案题材。比如在安徽皖南地区自古以来一直非常重视读书,皖南民俗建筑内的装饰作品,有很多表现寒门子弟刻苦攻读、最终获得成功的故事,传达了“吃得苦中苦,方为人上人”的价值观。这一类故事的代表有“囊萤映雪”“买臣负薪”“闻鸡起舞”等,都是贫苦家庭孩子用心读书、最终获得成功、衣锦还乡的故事。

 居住与陈设

居住中的陈设风格体现出民族的审美情调和特征，上自皇家宫寝，下至平民百姓均有自己对陈设的经营。为了生活的方便和舒适，炎黄子孙用自己的智慧创造出各种各样的居住形式，演变出多姿多彩的陈设种类。在传统的居住中，床、榻、案、几、屏等构成陈设的重要部分，它们不仅为居住营造氛围，更可以称之为艺术品，折射人们的美学品味与文化素养。如古人借陈设物件“床”，诉说对故乡的无限思念，表达对恋人的深深爱恋。

床

人生中三分之一的时间是在床上度过的，床与我们的生活密切相关。现代的床主要是一种卧具，然而在古代，床是一种集坐、卧于一身，且周边带围子的大型陈设物件之一。汉代刘熙在《释名》中云："床，装也，所以自装载也。""人所坐卧曰床。"《广雅》云："栖，谓之床。"装、栖皆为供人坐卧之用。故古代供跪坐之物，如同今天日本的坐蒲团，都称之为床。因此，一遇到"床"字，我们可以理解为供人坐卧的家具。如《孔雀东南飞》中"媒人下床去"；朱敦儒《念奴娇》中"照我藤床凉似水"。

从古至今，由"床"引申而来的义项有很多。《说文》云："床，安身之坐者。"也就是说床有使身体安稳的意思，实际上床就是底座，起稳定作用，所以由"床"构成的复合词的中心意思为：起安稳作用的底座，如印床、橹床、灵床、毛床等。齐白石的学生——胡洁青说："看齐老人刻印是一大享受，……不用印床，而是一手握石，一手持刀，全靠腕力。"这里的"印床"是指固定印章的夹具。陆游在《入蜀记》中云："二十日倒樯竿，立橹床。""橹床"指的是橹需用底座固定，这种底座称"橹床"。明十三陵定陵中，有"灵床"，它是放置灵柩的底座。《齐民要术·养羊》云："白羊三月得草力，毛床动，则铰之。""毛床"指在底部的羊毛，它是贴近羊身的部分。这些引申之义，来自"床"的本义。许慎给床作注时，突出床的"功能"，后来其功能引申意义变成构词力非常强的词素义。

我国床的历史悠久，传说神农氏发明床，少昊作箦床，吕望作榻。原始社会，人们生活简陋，为了生存和抵御自然侵害，利用树叶、稻草等植物，做成坐卧工具，睡觉只铺垫植物或兽皮等，掌握了编织技术后就铺垫席子，床随着席子而出现。从字形上看，商代甲骨文中，已有像床形的字“淋”，说明商代已有床。但从实物来看，最早的床出现在春秋时期，是在河南信阳长台关一座大型楚墓中发现的，床的工艺极为讲究，装饰华丽，上面刻绘着精致的花纹，周围有栏杆，下有六个矮足，高仅19厘米。

汉代由于西域文化的传入，床的种类得到较大发展，当时坐卧混用，有火炉床、册床、居床、洗漱床、花床等，同时少数民族的胡床（高足坐具）传入中原，给中国传统的起居方式带来了第一次冲击。在少数人中间，出现了垂足坐的新习俗。这时的床在贵族阶级中是十分讲究的，有的上设屏风，有的上设幔帐，有的甚至用珠宝装饰。

魏晋南北朝时期，由于生产技术的进步，居住空间的增高，加之民族大融合，尤其是西域文化与佛教的传入，出现了平台床和四面屏风床，这时的床具备高、宽、大的特点，如晋代著名画家顾恺之的《女史箴图》中所画的床，高度已和今天的床差不多了。

隋唐五代的床，形体较宽大，呈现厚重、丰满、华丽的特点。在江苏邗江蔡庄出土的床，长180厘米，宽92厘米，高50厘米，与现代单人床的尺寸相仿。除此之外，唐代出现屏风床，这时的床可分为案形结构和台形结构两种。而五代十国的床趋于朴实无华，开宋代质朴新风。

宋元时期，床仅用于卧具，丧失坐具功能，更突显其人文、工艺、科学的构创功能。两宋时期出现围子床，但大多数床没有围子。在结构上它由一个壶门或几个壶门构成；使用上采取床与榻组合，床上加帐子或在床前加廊子，以放置凳、灯等用具，便于生活。辽金元时期的床有较大发展，已具有三或四面围栏。

明清时床的种类更多，与以往的床相比有较大变化，出现不带床架的罗汉床、架子床及拔步床等。这时期床的造型精美，雕饰讲究。明代的床用料合理，坚固耐用，清代的床繁缛多致，富丽堂皇。到了近现代，受西方文化的影响及生活方式的变化，床的种类日趋多样化。从床的形态来看，主要有罗汉床、架子床、拔步床三种。

罗汉床是一种坐卧两用的家具，一般供卧用的为“床”，待客用的为“榻”。它是由汉代的榻演变而来的，左右和后面装有围栏，但没有床架，经过五代和宋元发展，形体由小变大，有可供多人同坐的大榻，在大榻上面加围子，称为罗汉床。它的形制分大小两种，大的称“床”，小的称“榻”。

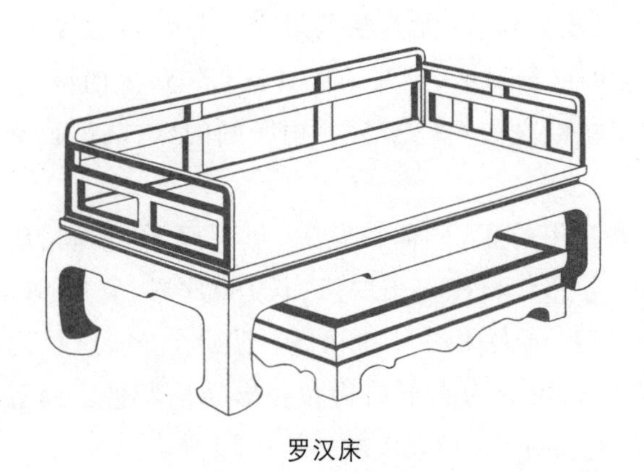

罗汉床

罗汉床的围栏多用小木做榫攒接而成，一些简单的围栏直接用三块板做成。在围栏的两端做出阶梯型的圆角，彰显其朴实和典雅的风格。罗汉床中较小的称为“弥勒榻”，它在明清的皇宫和王府均有陈设，且被称之为“宝座”，与屏风、香几、宫扇等组合使用。

架子床是指有柱、有床顶的卧具的总称，因床上有顶架，故称“架子床”。通常架子床在四角安立柱，床下有四足，床面有藤屉，柱顶加盖，俗名“承尘”。在其两侧和背面设有三面栏杆，多用小块木料做榫拼接构成几何纹样，有的在正面床沿上加两根立柱，两边各装方形栏板，即“门围子”。其中间为上床的门户，正面用小木块拼成四合如意，中间夹十字，组成大面积的棂子板，并留出椭圆形的月洞门，两边和后面以及上架横楣也用同样手法做成。它的床屉分为两层，下层为棕屉，上层

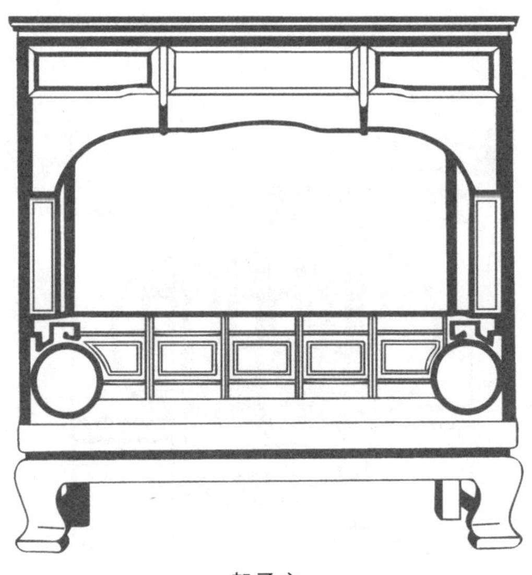

架子床

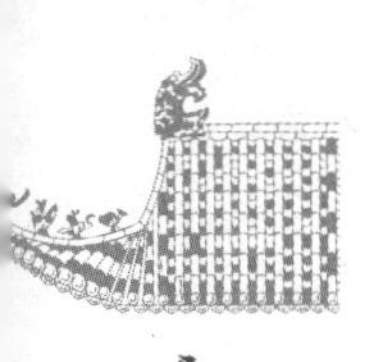

为藤席。棕屉具有保护藤席和辅助藤席承重的作用。床屉由于使用环境的不同，也会有所不同，像南方比较温暖潮湿，屉面就多采取棕屉或藤席，而北方气候比较寒冷干燥，就大多用木板做屉，在上面附上柔软、舒适的铺垫。

架子床作为中式卧具，其设计较为人性化。床体精美的雕工和围栏上精巧的结构给人视觉上的享受。它的式样颇多，结构精制，装饰华丽。装饰中有的用圆形木雕装饰增加高贵感，有的用蟠虎、龙等浮雕花饰纹，有的用阴雕，或三者综合应用，互相呼应，起伏有致。装饰的题材多以民间传说、花鸟山水等为主，蕴含和谐、吉祥、多福等寓意。有的架子床四周有架子，可以挂床帐，具有防蚊、抵风寒、增加封闭性的作用。

拔步床又称八步床，属于一种卧具，是明清时期流行的体型较大的一种旧式大床。《鲁班经匠家镜》中按繁简形式不同将其分为"大床"和"小床"两类。它是中国特有的体型庞大、结构复杂、工艺精湛的床。

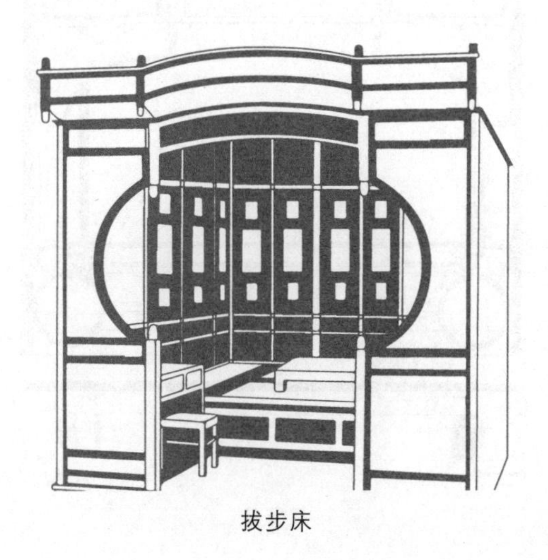

拔步床

拔步床的独特之处是宛如在架子床外面增加了一间“木屋”,从整体外形来看,似将架子床放在一个木制平台上,且平台长出床前沿二三尺。平台四角有立柱,并镶以木制围栏,有的在两边安上窗户,这样床前形成一个回廊,回廊虽小,但在两侧可安放桌、凳、灯等小型家具。因此,床体积非常大,且床前有较为独立的活动范围,宛如在房内有一间独立的小房子,有床中床、罩中罩的意境。拔步床在南方富庶人家中较常使用,其装饰多为吉祥图案及历史典故。从拔步床的设置可以窥见中国劳动人民的无穷智慧和居住对陈设的影响。

前文述及,在宋元之前,古代的床有坐和卧双重功能。汉代时出现的“胡床”就是一种典型的高足坐具,隋朝后变为“交床”,唐代又变为“绳床”,宋之后才变为“交椅”或“太师椅”。所以说胡床在古代,实际上是一种可以折叠的轻便座椅。宋元之后,皇室、贵族、官绅大户外出均带这种椅子,以便随时随地休息。随后,交椅成为身份的象征,“第一把交椅”即代表首领。胡床因携带方便,在中原地区广泛流传,将人们的生活习惯方式,由“跪”改为了“坐”,同时也促进了北方民族的融合。

古代文献及古代诗词中经常会出现“胡床”,这些胡床均指坐具。如《后汉书·五行志》曰:“灵帝好胡服、胡帐、胡床、胡坐、胡饭、胡空侯、胡笛、胡舞,京都贵戚皆竞为之。”《世说新语·自新》中记载,东晋大臣戴渊少时喜好游侠,经常坐在岸边的胡床上,率众攻掠来往的商旅。《演繁露》中记载,恒伊(东晋军事家、音乐家)擅长吹笛,一日与王徽之(王羲之第三个儿子)相遇,王徽之对桓伊说:“闻君善吹笛,试为我一奏。”恒伊即刻下马,坐在胡床上“为作三调,弄毕,便上车去”,遂有“桓伊下马踞胡床取笛三弄”之事,后来人们由此引申为桓伊演

奏、创作了《三弄》笛曲。《曹瞒传》云："公将过河，前队适渡，超等奄至，公犹坐胡床不起。张郃等见事急，共引公入船。"可见，曹操遇到危难时极为淡定，坐在胡床上，胸有成竹，千军万马又何足道哉？文献及诗文中描写胡床的俯拾皆是，如陶谷《清异录·陈设门》："胡床施转开以交足，穿便绦以容坐，转缩须臾，重不数斤。"白居易的《咏兴》："池上有小舟，舟中有胡床。床前有新酒，独酌还独尝。……"李白的《寄上吴王三首》："坐啸庐江静，闲闻进玉觞。去时无一物，东壁挂胡床。"

床在古典文学作品中代表着一种孤独的意境。李商隐的《端居》："远书归梦两悠悠，只有空床敌素秋。阶下青苔与红树，雨中寥落雨中愁。"该诗说明诗人客居他乡，得不到家人音讯，唯有在梦里解乡愁，传达了浓浓的思乡之情。贺铸在《思越人》中云："空床卧听南窗雨，谁复挑灯夜补衣！"面对空床追忆与亡妻在同甘共苦的生活中培育出来的坚实爱情，情真意切，哀怨惆怅，何等寂寞！何等凄凉！

榻

在《汉语大字典》中，对榻的定义主要有两种：一是狭长、低矮的坐卧用具。《释名》中对其解释为："长狭而卑曰榻，言其榻然近地也。"《说文·木部》云："榻，床也。"二是几案。《资治通鉴》："独引萧合榻对饮。"也就是记载鲁萧与孙权在榻上对话，此后榻上策因此得名。

榻简单来说无栏杆、无围子,四足落地的平面卧具为榻,它分为“独睡”(一人独坐的榻)和合榻(两人坐的榻)两种。榻始于西汉,形态低矮。魏晋南北朝时广泛流行。唐代以后,榻逐渐变高。明清时期,榻经常作为室外小憩家具出现在绘画中。

榻主要分为两种,一是通常榻。明清时期的榻多为此种样式,分为束腰直足、束腰曲足、鼓腿膨牙等多种造型。另一种是美人榻,即贵妃榻,面积窄小,用于坐卧,制作精制,造型优美。

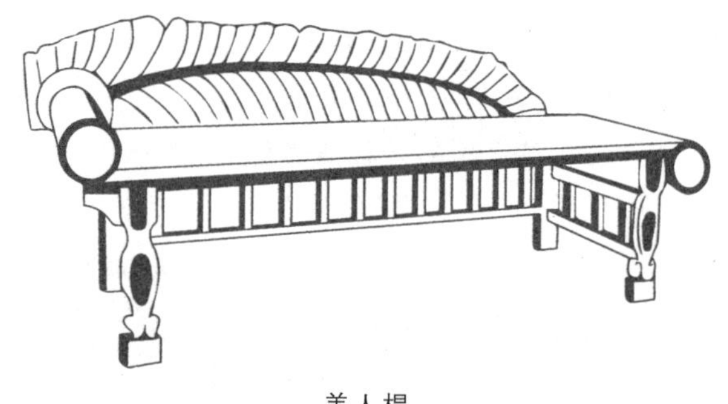

美人榻

历史上与榻相关的经典人物当首推宋太祖赵匡胤。众所周知,五代十国时期社会动荡不安,君主亦不断变换。赵匡胤在陈桥兵变黄袍加身后,心里仍不踏实,于是说出一句名言:“卧榻之侧,岂容他人鼾睡”,比喻捍卫自己的势力范围及利益。

今天,和榻相关的词使用较多的是“下榻”。“下榻”在现代的意思是指客人住宿,经常在出差时说“您在哪儿下榻”。但为什么叫“下榻”,不叫“上榻”呢?古代“下榻”具有礼遇宾客的意思,它还有个有趣的故事:东汉名臣陈蕃,性情耿直,十分

清廉，经常给有气节的人设专榻，也就是说他对看不上的人不理不睬，看得上的人专门设榻。他这个榻平时挂在墙上，他看重的人来了之后，把榻从墙上拿下来使用，所以叫“下榻”。

榻在古代文学作品中也经常出现，亦多用以表现忧愁。

李白的《寄崔侍御》写道：“宛溪霜夜听猿愁，去国长为不系舟。独怜一雁飞南海，却羡双溪解北流。高人屡解陈蕃榻，过客难登谢朓楼。此处别离同落叶，朝朝分散敬亭秋。”意思是说，身在宛溪的秋日，寒霜之夜听着猿啼，内心涌出不尽的忧愁。崔侍御您屡次解下陈蕃之榻来招待，匆匆过客却难以登临谢朓楼。此处别离就如同落叶飘飞，明朝在秋日的敬亭山下飞散而去。诗人借陈蕃故事突出友人崔成甫的一片盛情。尾联以落叶为喻，寓有无限飘零之感，增添了全诗的悲凉色彩。

又据李白的《与夏十二登岳阳楼》云：“楼观岳阳尽，川迥洞庭开。雁引愁心去，山衔好月来。云间连下榻，天上接行杯。醉后凉风起，吹人舞袖回。”意即看见大雁南飞引起我忧愁之心，远处的山峰又衔来一轮好月。在高人云间的楼上下榻设席，在天上传杯饮酒。醉酒之后兴起了凉风，吹得衣袖随风舞动随之而回。诗人借助“云间”“下榻”，突出心情的愉快。

元稹的《春病》写道：“病来闲卧久，因见静时心。残月晓窗迥，落花幽院深。望山移坐榻，行药步墙阴。车马门前度，遥闻哀苦吟。”意思是说，有病以来闲着卧床很久了，因此得以表现诗人清静时的心情。早上天边的月牙距离窗户很远，凋落的花瓣让幽静的院子更显得幽深。为望前山诗作搬移坐床，为散发药力在墙根步行。车马在门前经过，远远地能听到我哀伤痛苦的吟诗声。诗作叙写了作者春病康复的过程和凄凉孤独的感受。

陆游的《病愈》云:“倦榻呻吟每自哀,占蓍来告出余灾。”写诗人疲倦地卧于榻上呻吟,每每感到悲哀,用蓍草占卜得知自己的病即将痊愈。描写诗人病愈后的欣喜之情,表达了诗人积极乐观、老当益壮的人生态度。

案

案本义是指木制的用来装食物的矮脚托盘。如《史记·田叔列传》云:“赵王张敖自持案进食。”南朝宋鲍照《拟行路难》云:“对案不能食,拔剑击柱长叹息。”后来,案也指长形的桌子或代替桌子用的长木板。《三国志·周瑜传》云:“权拔刀斫前奏案。”清代方苞在《左忠毅公逸事》中记道:“庑下一人伏案卧。”

案的种类很多,从材质上看有石案、木案、玉案、纸案等;从功能上看分食案、书案、琴案、画案等;从造型上看有方案、圆案等;从案面形制来看有平头案、翘头案;从使用环境和对象来看分为供食客用的长条案,供文人用的纸糊案,供王公大臣用的奏案。

案与桌的不同在于,案的腿缩进来一块,而桌的腿顶着四角,所以说腿的位置是区分桌与案的重要标志。

书案是用来摆放笔墨纸砚、卷轴、书等物件的家具。从形态上来看,书案一般比食案高且宽。到隋唐五代时期,随着案

的形体加大和增高，高足翘头案成为当时流行的样式。两宋时期的书案一般为高座式，而明代的书案多为平头案，造型简洁秀丽，具有民族特色。清代书案的用料较为厚重，且装饰趋于复杂。

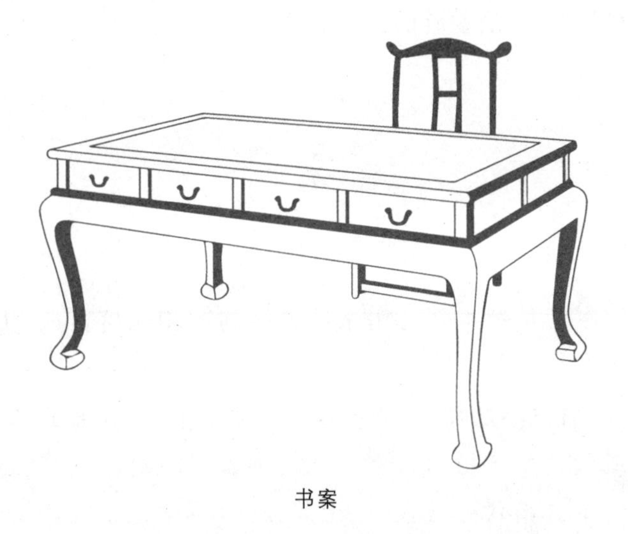

书案

翘头案是汉族古老的家具之一，案面两端有翘起的飞角，故称翘头案，主要用于供陈设厢的承具，故翘头案大多设有挡板，并具有精美的雕刻。为什么会出现翘头案呢？中国特有的书画形式为手卷、长轴，需要把它们打开才能观看，古代看这种手卷和长轴是非常讲究的，不能趴在地上看，更不能放在桌子上看，多数放在翘头案上欣赏，因为这种案两头有翘起的飞角，有效地防止手卷、长轴跌落，从而减少破损。可见古代书案具有其独特的功能。

画案是主要用于写字作画用的案型陈设物件，其桌面比一般桌面宽大且不做飞角，属平头案，案面下空间也更为宽阔。

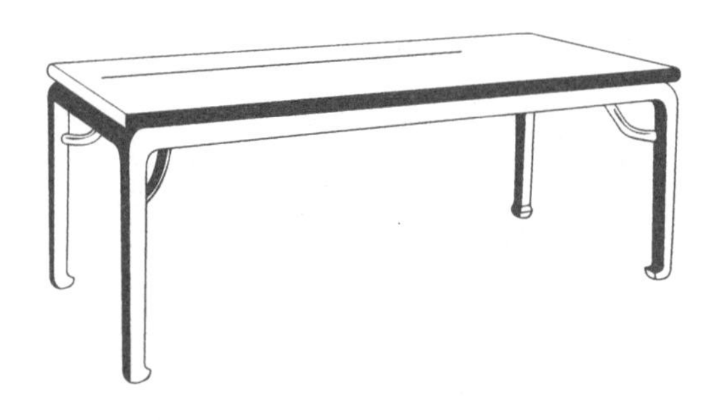

画案

供案又被称为“香案”“佛案”，有翘头。案上多放置香炉、烛台等供具。

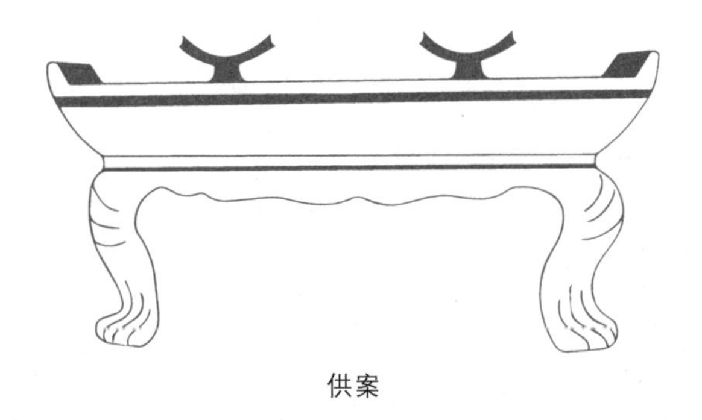

供案

与供案相关的词语即为“审案子”。古代，供案不是只属于供具，衙门里也经常使用供案。在影视作品中，我们很容易发现审理案件用的供案的翘头较高，在庄严的气氛下，有震慑作用。古代“审案子”原指在案子面前审理事件，后简称为“审案子”。

当然与案相关的典故还有很多，如“举案齐眉”“拍案叫

绝”“拍案惊奇”等。

“举案齐眉”出自《后汉书·梁鸿传》:“为人赁舂,每归,妻为具食,不敢于鸿前仰视,举案齐眉。”梁鸿字伯鸾,东汉人,是扶风平陵(今陕西咸阳市西北)人。因为他品德高尚,是乘龙快婿的人选,许多人想把女儿嫁给他,但被他谢绝。与他同县的孟氏人家有一女儿,相当于现代的女汉子,三十岁了仍未嫁,且力气极大,能把石臼轻易举起。每次父母问她为何不嫁,她说:“欲得贤如梁伯鸾者。”梁鸿听后,即刻迎娶她。女为悦己者容,结婚当天,孟女打扮得漂漂亮亮。梁鸿一连七日,一言不发。孟女跪在梁鸿面前说:妾早闻夫君贤名,立誓非君莫嫁,夫君最后也选定妾为妻。然为何婚后夫君默默无语,妾是否有什么过失?梁鸿道:我一直希望自己的妻子能穿麻葛衣,与我一起隐居深山老林。而你却穿着绮缟等名贵衣服,涂脂抹粉,并非是我理想中的妻子。于是孟女立刻挽起发髻,拔去首饰,换上布衣布裙,开始勤劳操作。梁鸿大喜,说道:这才是我梁鸿的妻子!后来,两人迁居吴地(今江苏苏州),共同劳动,互助互爱,相敬如宾。据说,梁鸿每天劳动完回家后,孟女把饭菜准备好,放在托盘里,双手捧着,举到与自己眉毛一样高的位置,恭恭敬敬地送到梁鸿面前。“举案齐眉”后来变成相敬如宾的一个象征。这就是“举案齐眉”的故事,可见故事里面的案就是指木制的托盘。

中国的文化博大精深,案除了在形制上有不同,其文化意境更不相同。为什么古代叫“拍案叫绝”“拍案惊奇”,而非“拍桌叫绝”“拍桌惊奇”?其原因在于案比桌在精神层面意境高。拍案的情绪是惊讶的,而拍桌是一种愤怒。古代大部分和案相关的事意境偏高,而和桌相关的事意境偏低。由案延伸出来的词有很多,如文案、方案、草案、议案等,这些都是层次较高的东西。看似不起眼的案,却有着丰富的内涵,中国人将案和桌这两种居住陈设物件分得清清楚楚,也体现了中国文化的精髓。

古代文学作品中也多次提到案。李白在《忆旧游寄谯郡元参军》中道:“琼杯绮食青玉案,使我醉饱无归心。”白居易在《霓裳羽衣歌》中道:“舞时寒食春风天,玉钩栏下香案前。案前舞者颜如玉,不著人家俗衣服。”诗中“案”多与酒食相关,具有餐桌的功能。李白的《下途归石门旧居》:“羡君素书尝满案,含丹照白霞色烂。”白居易的《十二月二十三日作,兼呈晦叔》:“案头历日虽未尽,向后唯残六七行。”张籍的《夏日闲居》有:“闲对临书案,看移晒药床。”这三首作品中的“案”均与“书”有关,其作用主要是用于阅读。看似描写“案”,实则是表达追求闲适的生活。

桌

桌本义为桌子,“桌”字本作“卓越”的“卓”。“卓”有高而直立之义。如“卓然而立”就是高高地立在那里,“卓尔不群”具有出类拔萃之意。后来人们又根据“棹”是木制的特点另造“桌”字。

桌是日常生活中常见的陈设物件,它的种类很多,其桌面造型就有方形、长方形、圆形等。汉代时候就出现矮桌,桌面

有长方形和圆形两种，供摆设食具和酒具。五代以后，桌子大量出现。宋代时出现高桌，有方桌、折叠桌等，还出现供祭祀、礼仪用的供桌。此后，桌在宫廷和民间广泛流行，一直流传到今天。

方桌是桌面呈正方形的桌子，它最常见且用途最广。它可以靠墙、贴窗放，也可以在室内居中放置。方桌的规格有大小高低之分，结构有束腰和无束腰两种。明代常见的有八仙桌、四仙桌。八仙桌的四边每边可坐二人，共可坐八人，故称八仙桌。四仙桌每边只能坐一人，故称四仙桌。

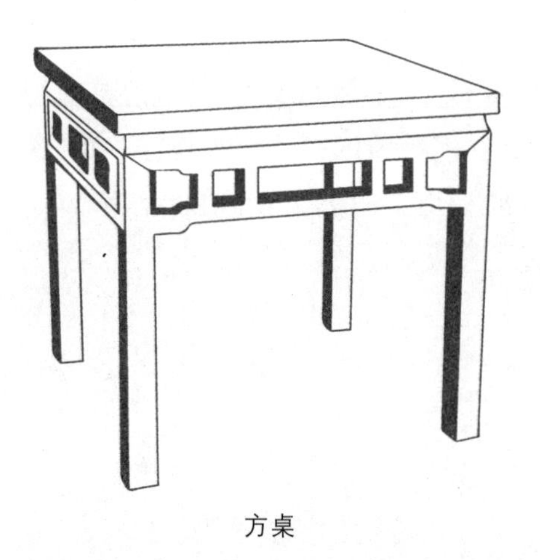

方桌

关于八仙桌有一个美丽的传说：相传很久以前，布依人办喜事，没有桌子，吃饭时就在外面地上的木头或石板上摆上饭菜，夏热雨淋，极不方便。一天中午，一家在摆喜宴时，开始时太阳火热，随后，乌云滚滚，下起瓢泼大雨。大雨刚过，来了一帮自称是这家远方亲戚的人，一人骑驴，一人拄拐，共八人，见地上被雨淋的饭菜及狼狈不堪的亲戚们，便问道："为何不摆在屋里吃?”主人说:“石板太重,不便搬动。”这八位“亲戚”得知事情缘由后,决定为好客的布依人创造一个舒适的办酒环境。八位“亲戚”在堂屋摆上大排整齐的木方桌,四周还放上木条凳,让亲戚们按每桌八人坐下吃饭。主人见状后,激动得不知所措,嘴里不停地念道:“我的天哪,你们真是神仙哪!”待酒菜摆齐后,几位“亲戚”突然不见了。据说这几位“亲戚”正是天上的张果老、铁拐李等八位仙人,八仙桌也因此得名。

圆桌是厅堂中常用的家具。一般情况下它具有活动性,用以临时待客。它寓意团圆和美,又因符合“周而复始,生生不息”的古代哲学精神,而备受人们青睐。

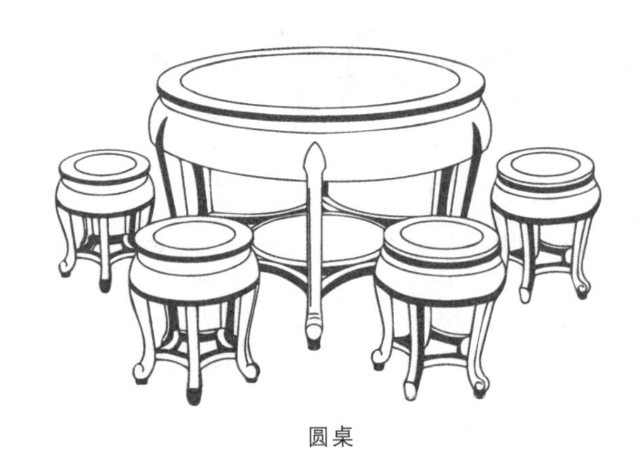

圆桌

我们知道方桌的座位有一定的主次、尊卑之分。然而圆桌不一样,为了避免这种主次地位,大多数政治会议采用圆桌,由此诞生了“圆桌会议”这一政治词语。

圆桌也有多种形制,古代南方常见的叫“百灵台”。具有养鸟经验的人知道,百灵鸟只在地上跑,不上架,所以在其鸟笼中间要有一个圆台,让鸟在上面引吭高歌,这样的百灵台显

得十分有诗意。

月牙桌指桌面为半圆形的桌子，它如一勾新月，风雅宜人。月牙桌有直腿、三弯腿、蚂蚱腿等不同形式；桌腿分三腿、四腿不等；腿下有马蹄足或带有托泥。月牙桌分有束腰和无束腰两种。有束腰的月牙桌是在束腰之下雕刻精美的牙子；蚂蚱腿形月牙桌的两腿间形成壶门轮廓，造型秀丽；三弯腿形的月牙桌有柔和的线条。两月牙桌拼合起来即为圆桌。月牙桌圆润、线条流畅，体现了汉族传统文化之美，使房间显得典雅、尊贵。

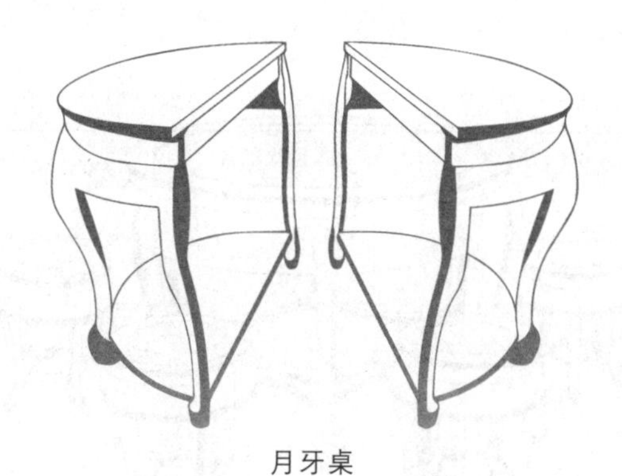

月牙桌

半桌即半个八仙桌的大小，又叫"接桌"，指在一个八仙桌不够用时，用其来拼接。嘉庆间纂修的《工部则例》中记载"半桌"之名，谓：因其相当于八仙桌的一半，故北京匠师沿用"半桌"之称。《老残游记》第二回中记载："看那戏台上，只摆了一张半桌，桌子上放了一面板鼓，鼓上放了两个铁片儿，心里知道这就是所谓梨花简了。"

在明代，江南富庶地区人们的生活非常富足，琴棋书画在当时甚为流行，棋桌在那时应运而生。棋桌是供下棋等娱乐专用的桌子,一般为方形或长方形,另加活动的桌面,若加盖子可作一般的桌子使用。

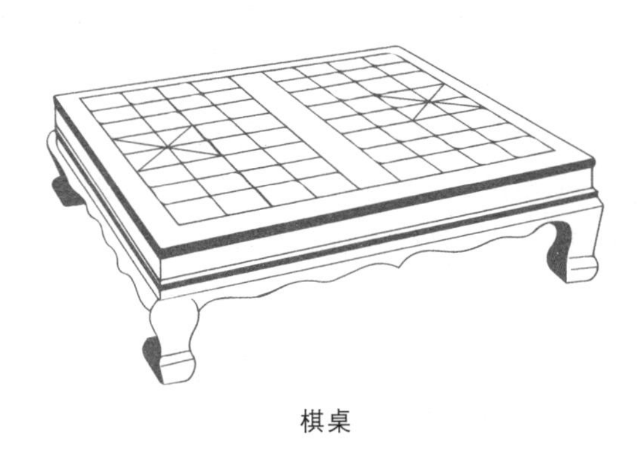

棋桌

琴桌与供桌相似,但比供桌低矮、狭小,多靠墙而设,仅作为陈设之用,以示清雅。琴桌的形制较多,其中比较优美的是

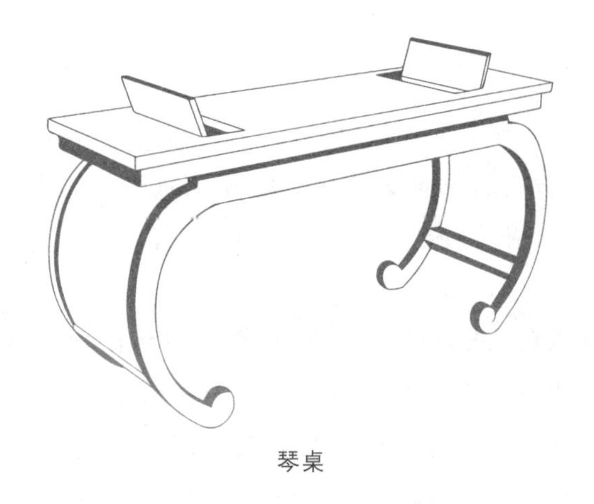

琴桌

下卷式琴桌,有一米多长,专用于弹琴。宋代赵佶在《听琴图》中描绘的琴桌,四围有精美的花纹,这标志琴桌的制作在宋代

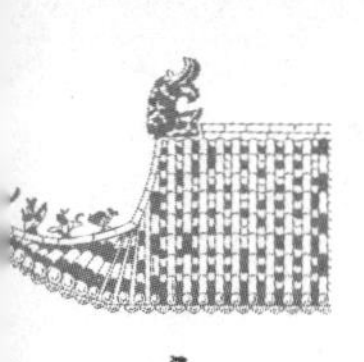

已达到了相当高的水平。

画桌比普通的长桌宽，是专用于书画的桌子，一般不设抽屉，靠窗放置。在过去，因为有文化的人较少，识字的人更少，因此画桌流传下来的很少。

在宋代时，专业的画桌出现了，它便于移动，结构科学，坚固耐用，可单独使用，也可以与其他桌具一起使用。有无束腰和有束腰两种，腿有弯腿、直腿等多种样式。明代画桌的工艺较宋代有所改进，主要体现在具有极高的艺术价值与审美情趣上。清代的画桌体现了满族游牧民族豪爽粗犷的气质，它与汉文化的文人气质相融合，是两种文化交融的典型产物。

几

几是历史悠久的陈设物件之一，起初只用于祭祀等场合，是身份的象征，后来演变成为长者、尊者而设的凭依用具。几的样式多，各有用途，在厅堂殿阁的布置上，也各有特定的规范。

秦汉以前，几的足多为两档，东汉以后出现三足弧形凭几。在徐州汉代画像石上就有一人坐在床榻上、身体靠在一只三足凭几上的形象。对于几的使用，《西京杂记》中有："汉制天子玉几，冬则加绨锦其上，谓之绨几……公侯皆以竹木为几，冬则以细罽为橐以凭之。"可见，凭几因不同的社会地位，使用与陈设方式也是有区别的。隋唐时期，凭几不再盛行。

宋元之后，条几、茶几、花几等为常见的家具种类。

条几又称长几，它的形态较为狭长，主要是堂屋或玄关处摆设装饰品的家具之一，是居住中重要的组成部分。从传统意义上来看，条几长而高，主要摆放在显要位置。随着人们生活水平的不断提高，几的做工不但延续了精致、美观的传统，而且趋向小巧，多摆放在玄关处，用于摆设花草等小件物品，起到装饰作用。

条几流行于明清时期，是居住中必备的物件，除了用作摆设外，还充当茶几。由于条几结构简单，易于移动，因此，用途更为广泛。李劼人在《死水微澜》第五部分十二节中道："院坝中几盆茉莉花同旁边条几上一大瓶晚香玉，真香！"

中国是世界著名的茶文化国家之一，与茶有关的陈设在居住中经常出现，茶几就是其中之一，它流行于清代。茶几的造型一般分方形、矩形两种，高度与扶手椅的扶手相当，通常情况下放置在一对座椅中间或是座椅前，用以摆放杯盘茶具。它的造型、装饰、色彩等风格与座椅一致。

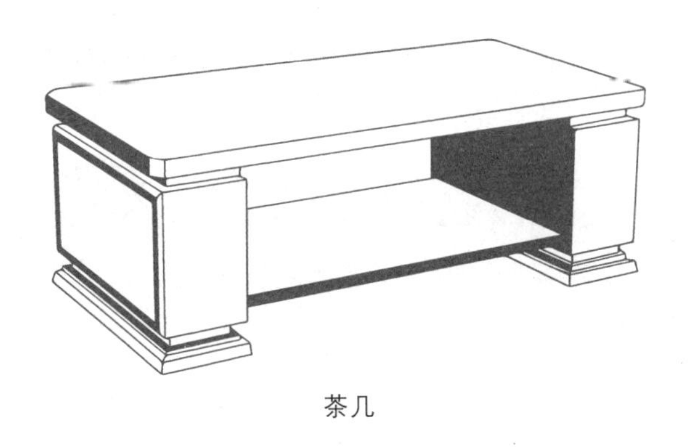

茶几

花几又称花架或花台，俗称高花几，在室内陈设中是一种

美化环境的家具。除少数体型较矮小外，花几大都比一般桌案要高，专用于陈设花卉盆景，多陈设在厅堂、书斋或寝室各角落或正间条案两侧，形态有方、圆、六角、八角等，工艺精致，除有点缀作用外，还具有较高的艺术性和观赏性。

花几

花几大约出现在五代以后，宋元时期的制作数量开始增多，但细高造型的几架在明代仍较少见，清中期以后几才渐趋流行，在清代中期以后的绘画作品中常常能够看到花几的身影。花几因多用于陈设花卉、盆景而被赋予一种高洁、典雅的意蕴，给人以超凡脱俗之感，更是文人雅士装点门面、追求高雅情趣的必需品，多为官宦大家这样的上层社会喜用。

屏　风

“屏”者，“障”也。屏风又被称为屏门或屏障，因为古代的建筑多为土木构造，不如现代钢筋水泥结构的房子坚固密实，所以为了挡风，多数的屏风置于床后或床两侧。汉代刘熙在《释名》中云：“屏风，严可以屏障风也。”可见，其具有挡风、遮蔽、隔断等功用，是室内陈设中广泛运用的家具之一。它与古典家具相互辉映，浑然一体，成为居住陈设中不可分割的整体，呈现一种和谐、宁静之美。

屏风起源较早，《物原》说：“禹作屏。”这种说法虽早，但无据可证。屏风最早使用于西周初期，但当时没有屏风这个名称，而称其为“邸”“扆”或“塞门”。《周礼·冢宰·掌次》云：“设皇邸”。这里的“邸”即指屏风，而“皇邸”就是以彩绘凤凰花纹为装饰的屏风。屏风也称为“扆”，指设在户牖（门窗）之间的屏风。《辞海》中载：“黼”与“斧”同义，均指古代帝王使用的屏风，因为上有斧形的花纹而得名。《礼记》：“天子设斧依于户牖之间。”司几筵在《三礼图》中曰：“几大朝观、大乡射，凡封国命诸侯，王位设黼依。”可见在古代，屏风不仅有屏蔽挡风的作用，也是一种很讲究的陈设品。古代屏风还被称为“塞门”或“罘”。《尔雅·释宫》：“屏，谓之树。”《礼记·杂记》：“树，屏也，立屏当所行之路，以蔽内外也。”“天子外屏，诸侯内屏。”郑玄注：“屏谓之树，今罘也。”

《史记》中记载:“天子当屏而立。”《史记·孟尝君列传》中有“孟尝君待客坐语,而屏风后常有侍史,主记君所与客语”的记载。《三礼图》载:“屏风之名出于汉世,故班固之书多言其物。”经过漫长的变迁,屏风开始普及到民间,走进寻常百姓家,成为古人室内陈设的重要组成部分。

汉代,对屏风的使用十分普遍,有钱有地位的人家均设有屏风。《西京杂记》载:“汉文帝为太子时,立思贤院以招宾客。苑中有堂隍六所,客馆皆广庑高轩,屏风帷帐甚丽。”汉代的屏风在种类和形式上较之前有所增改,除独扇屏外,还有多扇拼合的曲屏、叠扇屏。汉代还有玉石屏风、雕镂木屏风、琉璃屏风、云母屏风、绢素屏风等。此时,屏风常与床榻结合使用。早期的屏风因为多为王侯贵族使用,其制作方法较为讲究,在材料使用上用玉石、云母、琉璃等;在镶嵌工艺上,用了象牙、玉石、珐琅、翡翠、金银等贵重物品,可谓极尽奢华。

魏晋至隋唐五代时期,对屏风的使用更为普遍。不但居室陈设屏风,就连日常使用的茵席、床榻等边侧都附设小型屏风。这类屏风通常为三扇,屏框间用钮连接。这时的屏风,除起陈设作用外,更主要是起遮蔽、挡风作用。南北朝时,屏风造型开始向高、大方面发展,数量也在不断增加。《南史·王远如传》:“屏风屈曲从俗,梁萧子云上飞白书屏风十二牒。”由于屏风在民间广为流行,故唐代民间屏风的制作大都崇尚实用朴素,自魏晋以来,此风大盛。唐代诗人白居易曾作《素屏谣》曰:“当世岂无李阳冰篆文,张旭之笔迹,边鸾之花鸟,张藻之松石,吾不令加一点一画于其上,欲尔保真而全白。”表明了其对素屏的崇尚之意。

隋唐五代时期流行书画屏风,这在当时的绘画及史书中屡有记载。《新唐书·魏征传》记道:“帝以旗上疏列为屏障。”《新唐书·李绛传》载:“李绛字深之,……元和二年,授翰林学士,俄知制诰。……(宪宗)即诏绛与崔群、钱徽、韦弘景、白居易等,搜次君臣成败五十种,为连屏。”可见,唐时出现了连屏,而且连屏不受数量限制,可以根据需要随意增加。宁陶毂在《清异录》中说,后蜀孟知祥用活动钮将七十个画屏连接起来,随意施展,晚年常用在寝所,并比喻为屏宫。

宋代屏风在形制上有突破性的进展。底座由汉唐五代时简单的墩子,变为具有桥形底墩、桨腿站牙及窄长横木组合而成的“座”,基本完成了座屏的基本造型。并且宋代屏风的制作更趋向精美,这时的屏风除原有的遮蔽、挡风、分割的功能外,更多地作为一种精神文化的载体而使用。宋代还出现小型屏风,即枕屏和砚屏。枕屏是一种放在榻旁边的小型屏具,长度接近榻宽,比例低矮,其余则与大型座屏无异。砚屏的称谓,始见于宋人著述。据宋赵希鹄的《洞天清录》可知,砚屏是北宋苏东坡、黄山谷等人为刻砚铭以“表而出之”所创始的。这也说明砚屏一开始就有书写、展示文字的功用。

宋代以前屏风基本以实用为主,装饰次之。到了明代,屏风不仅是实用家具,更是室内不可缺少的装饰品。明代的屏风款式更多,装饰更加精致,在总类上可分为座屏风和曲屏风两种。明中期还出现著名的“披水牙子”,使屏风更显华丽完美。明末还出现挂屏,它基本丧失屏风原有的功能,成为一种单纯的装饰品。

清代屏风的品种和形制更加复杂,出现中高旁低、上有“帽”、下有座的“三山屏”“五月屏”。这时屏风形体雄大,常配大理石、玻璃等。为适应搬运和施工的要求,基本采用“插屏”

结构，即把屏风分成上下两部分，分别制作，组合安装。这是清代屏风与宋明屏风最大的区别。

挂屏是指始于明末、盛于清代在有框的木板上或镶嵌在镜框里供悬挂用的屏条。清沉初《西清笔记·纪职志》：“江南进挂屏，多横幅。”老舍在《骆驼祥子》中说：“再看看自己的喜棚，寿堂，画着长坂坡的挂屏……他觉得自己确是高出他们一头。”它一般成对或成套使用，如四扇一组称四扇屏，八扇一组称八扇屏，也有中间挂一中堂，两边各挂一扇对联的，多代替画轴悬挂于墙壁上。这种陈设形式，流行于雍、乾两朝，宫廷中处处可见。挂屏的出现使屏风成为纯粹的装饰品和陈设品。

挂屏

落地屏是地屏中一种可以折叠的多扇屏风，也叫“软屏风”，多为双数，少则两扇，多则十扇。它们可以自由移动，无固定位置，用时打开，不用时可折叠收藏，其特点即为轻巧方便。落地屏的边框一般以木料为主，屏心用纸、绢裱糊，并彩绘、刺绣名人书法等，有很高的文人品位。

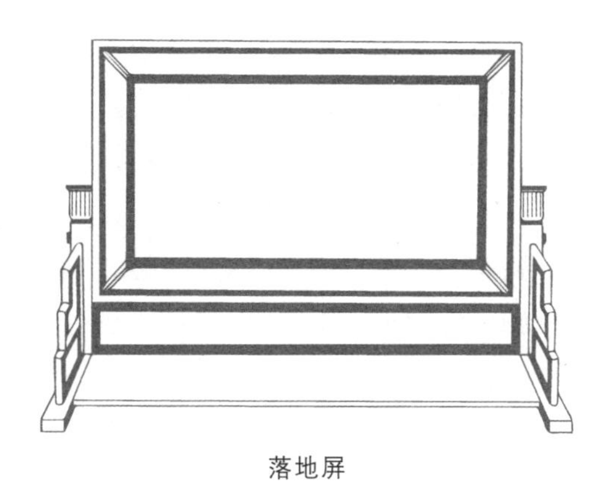

落地屏

座屏风又称硬屏风，即带有底座而不能折叠的屏风，由插屏和底座两部分组成，插屏可装卸，用硬木做边框，中间加屏芯，多数屏芯用漆雕、镶嵌、绒绣、绘画、刺绣、玻璃饰花等做表面装饰。底座除起稳定作用外，还可起装饰作用。座屏风按插屏数分为独扇、多扇两种。

座屏风

独扇屏是将一扇屏风插在底座上，最高有三米多，主要陈

设在室内挡门之处。小的有20厘米，可以放在案头，具有装饰作用。这种屏风多以山水、风景为主要内容，层次分明，虽放室内，却能起到开阔视野的效果，给人舒畅的感觉。

多扇座屏风由多扇组合而成，或三扇，或五扇，最多九扇，大都用单数。每扇用活榫连接，可随时拆卸。屏风下有长榫销，插在座面的孔中。底座多为“八”字形，正中一扇较高，并且稍宽一些，两边的扇稍向里收。

屏风的制作形式多种多样，名类繁多，因其融实用性、观赏性于一体，故古人对屏风情有独钟，咏屏的诗词多有出现。李白的《观元丹丘坐巫山屏风》云：“昔游三峡见巫山，见画巫山宛相似。疑是天边十二峰，飞入君家彩屏里。”袁恕己的《咏屏风》云：“绮阁云霞满，芳林草树新。鸟惊疑欲曙，花笑不关春。山对弹琴客，溪留垂钓人。请看车马客，行处有风尘。”这两首诗都是对屏风上画作的描写与吟咏，表现屏风画技精湛，以真形画，疑画为真，呈现扑朔迷离之势，达到以假乱真的境界。李商隐的《嫦娥》载：“云母屏风烛影深，长河渐落晓星沉。嫦娥应悔偷灵药，碧海青天夜夜心。”秦观的《浣溪沙》载：“漠漠轻寒上小楼，晓阴无赖似穷秋。淡烟流水画屏幽，自在飞花轻似梦。无边丝雨细如愁。宝帘闲挂小银钩。”杜牧的《秋夕》载：“银烛秋光冷画屏，轻罗小扇扑流萤。天阶夜色凉如水，坐看牵牛织女星。”这三首诗描写居室中的屏风及其画面，“影深”“画屏幽”“冷画屏”等冷色调的景物凸显居所的空寂清冷、生活的孤独与凄凉，衬托作者或主人公的黯然忧愁、情调感伤、一腔哀怨等内心独白，是典型的寄情于物。

参考文献

[1] 马未都.中国古代门窗[M].北京:中国建筑工业出版社,2006.
[2] 王其钧.中国民居三十讲[M].北京:中国建筑工业出版社,2005.
[3] 王其钧.民间住宅建筑[M].北京:中国建筑工业出版社,2004.
[4] 王振复.中华建筑的文化历程[M].上海:上海人民出版社,2006.
[5] 汉宝德.中国建筑文化讲座[M].北京:生活·读书·新知三联书店,2006.
[6] 汉宝德.建筑笔记[M].上海:上海人民出版社,2009.
[7] 朱良志.中国美学十五讲[M].北京:北京大学出版社,2006.
[8] 庄华峰.中国社会生活史[M].合肥:中国科学技术大学出版社,2014.
[9] 汪之力.中国传统民居建筑[M].济南:山东科学技术出版社,1994.
[10] 陆元鼎.中国传统民居与文化[M].北京:中国建筑工业出版社,1992.
[11] 陆元鼎,陆琦.中国民居装饰装修艺术[M].上海:上海科学技术出版社,1992.

[12] 陆元鼎.中国民居建筑[M].广州:华南理工大学出版社,2003.

[13] 陈勤建.中国民俗学[M].上海:华东师范大学出版社,2007.

[14] 武文.中国民俗学古典文献辑论[M].北京:民族出版社,2006.

[15] 单德启.中国民居[M].北京:五洲传播出版社,2010.

[16] 钟敬文.民俗学概论[M].上海:上海文艺出版社,1998.

[17] 梁思成.中国建筑史[M].天津:百花文艺出版社,2005.

[18] 隈研吾.负建筑[M].计丽屏,译.济南:山东人民出版社,2008.

后记

人类的生存离不开衣、食、住、行，其中民居是人类文明发展的一种人文景观。从穴居到建造各种舒适、美观的建筑，展示出人类进步的速度与深度。民居在经历无数的变革与洗礼后，实现了从满足个体居住到精神升华的体验。从文化地理学的意义上来看，它是人类的聪明才智不断与自然界相生相应的结果。

民居不仅与自然环境、生活方式相辅相成，有明显的地域性、民族性、等级性，而且随着时间的推移、生活方式的进步和改善，彰显出时代特色，且在不断演进中发展。本书以史为脉——从上古述及秦汉，历经魏晋隋唐、宋元明清，以民间居住艺术为精髓，来领略中华的栖息文化，感受中国人的生存智慧，体味“家”的和合之美。

本书从动议、写作到出版，几经磨合，甚至曾有放弃的念头，在丛书主编庄华峰教授的鼓励、指导下最终完成了书稿，也算是完成了一桩心事。当初，笔者基于从事文化资源、文化传播方面的教学和科研，以及每年暑假都带着学生到徽州调研，深入考察徽州古建筑的积累，认领了《居住习俗：美家的艺韵》一书的撰写任务。但事实上，本书的写作并不像认领任务时认识的那么简单。徽州民居仅是中华民居文化的一角，从穴居、巢居的安身之所到响彻世界的皇城宫殿，从雪域高原的碉楼到渤海之滨的海草屋，从黄土高原的窑洞到遍布西南的吊脚楼，从陕西、山西的庭院深深到江南水乡的流水人家……

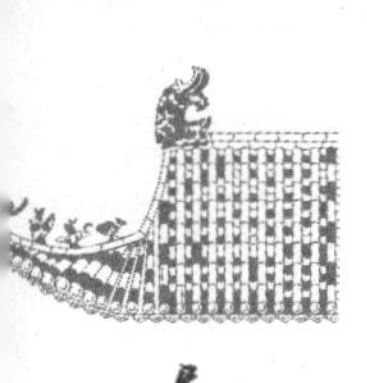

各有特色，需要考察不同民居样态和居住风俗才能很好地完成本书。为此，在写作期间，笔者查阅了大量的权威文献，并实地考察过永定土楼、北京四合院、延安窑洞、傣族吊脚楼、徽州民居等，无论是专程还是顺便，都得到了真实的感受。

本书的付梓，离不开众多资源的支持，感谢对象尤多。首先是我的授业导师庄华峰教授，在读书期间，庄老师就一直鼓励和关心笔者。虽然已工作多年，笔者仍然离不开庄老师的指导和关爱，本书的框架、内容都得到了庄老师的亲自修改和润色，最为感谢！其次，在书稿撰写过程中，诸位同仁不辞辛苦，参与编撰，安徽师范大学汪婕、王平子，合肥师范学院王之涵，贵州师范学院王明，南宁师范大学漆亚莉等同仁在收集资料、校对文字等工作中提供了帮助，并参与相关章节内容的撰写，是为谢！感谢南京财经大学艺术设计学院的庄唯博士为本书绘制精美的插画。

最后，感谢众多学界前辈同仁，没有他们的成果做奠基，就没有本书，本书在写作过程中广泛参考了他们的研究成果。其中，我特别向王其钧教授请教了关于民居的写作体例与内容，他通过微信提出了诸多宝贵的意见与建议，在此向王其钧教授和学界同仁致以崇高的敬意和衷心的感谢。有些参考资料可能未能列出，特此表示深深的歉意。

虽然本书几经校对，但由于个人学识有限，书中难免存在疏漏和不当之处，敬请诸位学者专家、读者不吝赐教。

秦　枫

2019年10月